도로교통소음의 경제적 가치추정

도로교통소음의 경제적 가치추정

임 영 태 著

책머리에

선진국에서는 교통소음을 사람들의 삶의 질에 영향을 미치는 중요한 요소 중의 하나인 동시에 일상생활에서 직면하게 되는 가장 심각한 문제 중의 하나로서 여기며, 교통 및 도시 계획가뿐만 아니라 일반사람들도 교통소음의 중요성에 대해 충분히 잘 인식하고 있다.

이미 몇몇 나라에서 교통소음이라는 환경재의 비시장적 가치를 시장가치로 환산, 순 현재가치 혹은 비용편익분석에 반영하여 교통소음을 교통시설의 타당성분석을 평가하는 데 명백하게 고려하고 있다.

한편, 또 다른 나라에서는 교통소음을 화폐가치로 측정되고 있지는 않지만 교통소음이 교통시설의 타당성분석에 미치는 영향을 반드시 측정함으로써 교통시설평가에 암묵적으로 반영하고 있다.

반면에, 우리나라에서는 대부분의 경우 교통시설평가에 있어서 교통소음의 효과는 반영되지 않았다. 왜냐하면 교통시설공급이 훨씬 중요하다고 인식하여 소음과 대기오염 같은 교통시설공급에 따른 악영향은 상대적으로 덜 중요하게 인식되었기 때문이다. 사실상 우리나라의 자동차 대수는 1970년 275천 대에서 2003년 145,868천 대로 기하급수적으로 증가하였다.

그러나 소득수준이 증가함에 따라서 사람들은 그들의 생활환경에 보다 중요성을 두기 시작하였다. 따라서 최근에는 우리나라에서도 교통시설평가에 교통소음과 대기오염의 효과를 반영하려는 시도가 일어나고 있다. 어떤 경우에는 소음과 대기오염 모두를 측정하고 있다. 반면에 우리나라에서 교통소음의 가치를 추정한 시도는 아직까지 없었다.

따라서 본 책은 서울 대도시권의 교통소음이 아파트가격에 내재된 가치를 추정하는 데 목적을 두고 있으며, 소기의 목적을 달성하기 위한 방법으로는 특성가격기법을 이용하였다. 여기서 사용한 기법은 정확히 말하자면, 「준-특성가격기법」으로서, 이는 특성가격분석에 필요한 자료의 한계를 극복하면서 본 연구에서 추구하고자 하는 주택가격에 내재된 소음가치를 추정하는 데 현실적으로 가장 적합한 방법론 중의 하나이다. 즉, 기존의 특성가격기법을 위해서는 주택가격을 포함한 주택특성변수, 주변특성변수, 사회·경제적 특성변수 등이 필요하나, 본 책에서는 자료의 한계를 극복하기 위하여 소음변수를 제외한 다른 요인에 의한 주택가격 차이를 제거할 수 있는 표본을 선정하고, 선정된 표본 집단의 소음수준을 측정한 자료를 활용하여 소음에 의한 주택가격의 한계가치를 측정하고자 하였다.

왜냐하면 우리나라의 경우 특정 지역 내에 200~1,000가구가 동시에 건축된다. 따라서 특정 주택 단지 내에서는 주택특성변수를 내포한 기타 변수에 의한 가격 차이를 배제할 수 있기 때문이다. 그런 경우 특정 복합고층 주택에서 주택가격에 영향을 미치는 요인은 주택의 층수와 소음수준 등이라고 할 수 있다. 게다가 만약 동일 층수에서 주택가격이 비교된다면, 주택가격 차이에 영향을 미치는 가장 중요한 요인은 소음수준이라고 할 수 있다.

이러한 방법에 의해, 서울 대도시권을 대상으로 서로 다른 128개 표본 집단에서 표본당 도로인접 아파트와 비교동 아파트의 같은 층을 기준으로 두 개의 주택가격이 조사되어 총 256가구의 주택을 대상으로 하였다.

주택가격과는 별도로 실제 교통소음수준이 또한 측정되었다. 이처럼 여러 가지 형태의 회귀모형을 이용하여 소음수준에 따른 주택가격 차이를 분석하고, 한계소음가격을 지역과 주택의 평수에 따라 도출하였다.

본 책은 향후 교통 및 환경정책 평가에 영향을 미치게 될 수많은 환경요인 중 한계소음가치를 이용하여 교통시설의 타당성 평가에 적용할 수도 있을 것이며, 교통소음 피해비용과 방음벽 설치비용과의 관계가

분석된다면 소음저감방안의 일환인 방음벽 설치 여부에 대한 기준까지 제시할 수 있을 것이다.

하지만 일반적으로 주택가격과 소음에 관한 많은 연구들이 가지고 있던 한계와 마찬가지로 본 책자에서도 자료취득에 있어서 어려움과 한계가 있었음을 분명히 밝혀두며, 경제학·공학 관계없이 학생, 연구자, 실무자가 많은 관심을 가졌으면 한다.

2006. 5

임 영 태

목 차

제1장 서 론 ·· 15

　제1절 연구의 배경 및 목적 ···················· 15

　　1. 연구의 배경 ······································ 15

　　2. 연구의 목적 ······································ 17

　제2절 연구의 범위 및 방법 ···················· 18

제2장 환경재의 가치추정기법에 관한 이론 ········ 23

　제1절 환경의 경제적 가치 ······················ 23

　제2절 환경의 경제적 가치에 관한 이론적 배경 ········· 24

　　1. 기본모델 ·· 25

　　2. 가격변화와 사회적 후생변화 ············ 26

　　3. 환경질의 변화와 사회적 후생변화 ······ 33

　제3절 환경재의 가치추정기법 고찰 ·········· 36

　　1. 피해함수기법 ···································· 36

　　2. 통행비용기법 ···································· 43

　　3. 특성가격기법 ···································· 47

　　4. 회피비용기법 ···································· 53

　　5. 조건부 가치추정기법 ························ 54

　　6. 선호의식기법 ···································· 58

제3장 자동차 소음가치추정에 관한기존 연구 ·············· 63

제1절 외국의 소음피해비용 산정사례 분석 ················· 63

  1. 유럽(영국, 독일)의 연구사례 ················· 63

  2. 일본의 연구사례 ························· 67

  3. 미주의 연구사례 ························· 70

  4. 기타 사회적 비용 연구에서의 소음연구 분석결과 ········· 73

제2절 외국사례의 시사점 ···················· 73

제4장 자료수집 및 특성분석 ······················ 75

제1절 분석방법 정립 ······················· 75

  1. 소음의 정의와 특성 ······················ 75

  2. 소음의 크기와 영향 ······················ 76

  3. 소음발생예측모형에 따른 교통특성과 소음과의 상관관계 ···· 81

  4. 조사항목 ····························· 84

  5. 본 연구의 접근방법 도출 ···················· 87

제2절 조사대상 아파트의 선정 ·················· 91

제3절 자료수집 방법 및 조사 ··················· 92

  1. 도면조사 ····························· 92

  2. 분석대상 아파트단지 현황 ··················· 93

  3. 소음측정조사 ·························· 94

  4. 직접면담조사 ·························· 97

제4절 자료특성분석 ······················· 98

  1. 사례대상 도로의 소음발생 특성 ················ 99

  2. 조사자료의 통계적인 특성분석 ················ 104

제5장 자동차 소음가치 추정 ·· 107

제1절 회귀분석을 통한 소음가격 추정 ························· 107
  1. 개요 ··· 107
  2. 회귀분석의 기본모형 설정 ························· 110
  3. 전체 대상단지 모형의 추정 ······················· 113
  4. 한계소음가격 도출 ································· 117
  5. 가설검정 ··· 118
제2절 서울 강남지역 및 부천 중동지역의 회귀분석 ·········· 123
  1. 서울 강남지역 ·· 123
  2. 부천 중동지역 ·· 125
  3. 두 지역 비교 ·· 127

제6장 결론 및 정책 건의 ·· 131

제1절 연구 요약 ··· 131
제2절 정책건의 ·· 134
제3절 연구의 한계 ·· 135

참고문헌 ·· 137

표 목차

〈표 3-1〉 소음수준과 소득 간의 데시벨(dB)당 매달 지불의사액 ········· 65

〈표 3-2〉 유럽의 소음가치에 대한 연구결과 ································· 66

〈표 3-3〉 집가격에 미치는 소음의 영향 ····································· 72

〈표 4-1〉 도로와 항공부문의 대표적인 소음예측모형 ················· 81

〈표 4-2〉 적용식과 부여 조건 ··· 82

〈표 4-3〉 국내 관련연구에서 사용한 아파트가격 결정요인 ············· 85

〈표 4-4〉 아파트가격에 영향을 미치는 설명변수(조사항목) ············· 86

〈표 4-5〉 소음측정방법 및 사용기기 ··· 96

〈표 4-6〉 암소음의 영향에 대한 보정치 ··································· 97

〈표 4-7〉 경부고속도로(서초-반포 구간) ································· 100

〈표 4-8〉 양재대로(양재-수서 구간) ······································· 101

〈표 4-9〉 경인고속도로(부천-인천 구간) ································· 102

〈표 4-10〉 중동대로(부천-송내 구간) ······································· 103

〈표 4-11〉 조사대상 아파트 전체의 통계량 ······························· 105

〈표 4-12〉 평형대별 평균 주택가격 ··· 106

〈표 5-1〉 표본의 각 변수 간 상관관계 ····································· 114

〈표 5-2〉 추정결과 ··· 116

〈표 5-3〉 함수형태별 한계소음가격 ··· 118

〈표 5-4〉 평형대별 한계소음가격 ··· 118

〈표 5-5〉 추정결과 ··· 123

〈표 5-6〉 함수형태별 한계소음가격 ··· 124

〈표 5-7〉 평형대별 한계소음가격 ··· 125

〈표 5-8〉 추정결과 ··· 126

〈표 5-9〉 함수형태별 한계소음가격 ··· 127

〈표 5-10〉 평형대별 한계소음가격 ···································· 127
〈표 5-11〉 지역별 평형대별 한계소음가격 ······························ 128
〈표 5-12〉 소음 1데시벨(dB) 증가가 주택가격에 미치는 영향 ········· 129
〈표 6-1〉 소음 1데시벨(dB) 증가가 주택가격에 미치는 영향 ·········· 133

그림 목차

〈그림 1-1〉 연구의 흐름도 ····· 21

〈그림 2-1〉 동등 및 보상변화와 소비자잉여 ····· 28

〈그림 2-2〉 수요곡선변화 ····· 34

〈그림 2-3〉 방문수요곡선과 편익 ····· 46

〈그림 2-4〉 특성가격함수와 한계지불의사 ····· 50

〈그림 4-1〉 데시벨로 나타낸 여러 가지 소음 ····· 80

〈그림 4-2〉 교통량과 소음과의 관계 ····· 83

〈그림 4-3〉 통행속도와 소음과의 관계 ····· 83

〈그림 4-4〉 대형차혼입률과 소음과의 관계 ····· 84

〈그림 4-5〉 접근방법 모형도 ····· 91

〈그림 4-6〉 조사대상 아파트 배치형태 ····· 92

〈그림 4-7〉 조사대상 아파트 위치도 ····· 93

〈그림 4-8〉 소음측정기(Rion NL-15) ····· 95

〈그림 4-9〉 경부고속도로(서초-반포 구간) ····· 100

〈그림 4-10〉 양재대로(양재-수서 구간) ····· 101

〈그림 4-11〉 경인고속도로(부천-인천 구간) ····· 103

〈그림 4-12〉 중동대로(부천-송내 구간) ····· 104

〈그림 5-1〉 지역별, 도로별 가상적 함수형태 ····· 120

제1장 서 론

제1절 연구의 배경 및 목적

1. 연구의 배경

지난 수십 년간 우리나라 경제의 고속성장에 힘입어 국민 소득수준이 향상됨에 따라 국민들은 생활의 질적 향상을 추구하기 시작하였고 점차 쾌적한 환경에 대한 욕구가 점차 높아지고 있다.

최근 리오회담 등 전 세계적으로 환경문제가 중요한 이슈로 등장함에 따라 향후 환경개선이 경제성장의 전제조건이라는 인식하에 환경의 질을 개선하기 위한 여러 가지 규제제도나 법규, 정책들이 모색되어야 하는 단계에 이르렀다.

특히 교통시설의 신설 혹은 개선은 자연경관을 변경시키고 운행에 따른 소음, 진동, 매연을 발생시키기 때문에 환경보존에 대한 관심이 날로 고조되고 있는 지금 교통사업이 환경에 미치는 영향의 중요성이 크다고 할 수 있다.

이와 같은 환경의 변화는 계량화하기 어려우며 시장가격을 반영하는 화폐가치로 환산하기 어렵다. 그러나 환경이 가지는 정확한 경제적 가치의 추정이 전제되지 않고서는 이에 따른 환경관련 투자의 비용효과 분석이라든가 환경관련 정책의 우선순위결정 등이 체계적으로 논의되기가 어렵다. 따라서 환경오염의 경제적 피해 또는 환경개선의 경제적 편익을 추정할 수 있는 방법이 요구된다.

환경재의 가치화가 중요한 이유[1]는 일반적으로 대기오염, 소음 등의 환경은 자유재라고 할 수 있으며, 산업생산, 운송 등의 경제활동과 난방, 교통 등 일상생활의 결과로서 오염을 발생시킨다 하더라고 환경보전법 등 법이 정한 한도를 초과하지 않는 한 오염자는 그 결과에 책임을 지지 않는다. 이러한 이유로 하여 오염행위로 인한 편익과 피해의 균형을 유지하도록 하는 시장메카니즘이 교란되어 부(負)의 외부효과가 발생하게 된다.

그러나 오염된 대기나 시끄러운 소음은 우리의 주변환경, 재산 및 신체 등에 대하여 물질적 및 심리적 피해를 초래하게 된다. 이러한 환경악화로 인한 피해의 정확한 금전적 가치를 추정하는 것은 매우 중요한 의의를 갖는다. 왜냐하면 이러한 추정은 오염방지를 위한 정책의 비용과 그 편익을 비교할 수 있도록 함으로써 정책대안의 효과를 분석하는 기초로 사용될 수 있기 때문이다.

교통으로 인한 환경문제 중 가장 대표적이며 실제 생활환경과도 밀접히 연관되어 있는 것으로는 대기오염과 소음을 들 수 있다. 대기오염물질의 배출이 주로 주거 밀집지역 등 생활권역에서 발생되기 때문에 건강관련 문제는 물론 일반시민 생활에 커다란 영향을 미치고 있지만 대기오염 못지않게 소음문제 또한 일상적 시민생활에 불편을 야기하고 있다. 현대도시생활에서 소음문제는 공항주변 등 지역적으로 한정된 문제가 아니라 도시 내 또는 주변의 일반도로, 고속도로, 또는 철도 주변에서 광범위하게 발생되고 있으며 피해지역 또한 광범위하다.

이러한 맥락에서 외국의 경우 삶의 질을 중시하는 환경여건의 변화와 관련하여 1970년대 이후부터 환경관련 피해의 계량적 분석방법론을 통해 환경피해의 사회적 비용을 추정하고 있다.

소음은 일종의 외부효과를 나타내는 재화이다. 여기서 환경재란 한사람의 그 재화에 대한 생산이나 소비에 대한 거래가 형성되지 않음에도

---

1) 김종석·이성원(1996), 교통환경론, 21세기 한국연구재단연구, pp.257 참조.

타인의 효용에 영향을 미치는 재화를 의미한다. 대표적인 환경재로는 교통혼잡, 대기오염, 소음, 폐수 등이 있다. 일반적으로 환경재는 거래되지 않으므로 사회적으로 적정한 수준보다 과대 혹은 과소하게 생산·소비된다. 소음은 과대 생산되는 것이 문제이다. 자산가격 결정 모형을 통하여 소음가치를 추정한다는 것은 기본적으로 환경재인 소음이 부동산 시장을 통하여 거래되고 있다는 것을 가정한다. 소음거래는 본래 소음발생자인 운전자와 도로변 거주자 사이에 이루어져야 하나, 현실적으로는 도로변 아파트의 공급자와 수요자 사이에서 이루어지게 된다.

외국의 경우 각종 설문조사 결과 주민들에게 가장 흔히 나타나는 불편사항으로 소음공해를 들고 있다. 그리고 가장 흔한 소음공해 발생원은 물론 도로상의 교통수단이며, 다음으로는 이웃거주자와 항공기가 그 뒤를 잇고 있다. 한편, 주민들에게 나타나는 소음공해는 대부분 도로상의 자동차로부터 야기된다고 할 수 있다.

2. 연구의 목적

선진 외국과는 달리 우리나라의 경우 외부효과의 계측과 가치화에 대한 노력이 미미하여, 공학적뿐만 아니라 환경경제학적 입장에 입각하여 교통소음이라는 환경재에 대한 가치화를 대도시 도로주변 아파트 매매가격과 실제 소음측정을 통해 주택가격에 내재된 자동차 소음의 가치를 추정하는 것이 필요하다. 따라서 본 연구의 목적은 자동차 소음이라는 환경재의 비시장적 가치를 시장가치로 환산하여 아파트가격에 내재된 소음가격[2]을 특성가격기법과 회귀분석에 의해 추정하는 것이다. 즉 소음수준에 따라 아파트 매매가격에 영향을 미치는 정도가

---

[2] 소음가격이란 다른 특성은 동일하고 소음특성만의 차이로 발생된 가격 차이로서 주택가격에 잠재되어 있는 가격이라 할 수 있다.

다르므로 소음 차이로 인한 아파트 매매가격 차이를 통해 한계소음가격을 도출하는 것이다.

또한 소음수준에 따라 지역별, 평형별, 도로유형별로 아파트가격에 내재되어 있는 소음가격이 차이가 있는지도 검정한다.

구체적으로는 지역별, 평형대별 한계소음가격을 도출함으로써 지역 간 한계소음가격과 소득대리변수로서의 지역 간 평형대별 교차비교로 소득수준에 따른 한계소음가격 차이를 비교·분석함으로써 궁극적으로는 소음 1데시벨(dB) 증가가 주택가격에 미치는 영향의 정도를 도출한다.

제2절 연구의 범위 및 방법

본 연구에서는 다양한 소음유발 교통수단 중 고속국도를 포함한 도시간선도로로상의 통과교통량으로부터 발생되는 자동차 소음이 도로변의 아파트가격에 어떤 영향을 미치며, 그 영향의 정도가 어느 정도인지 추정하는 데 초점을 맞춘다.

내용적으로는 먼저 대기오염, 소음과 같은 환경영향의 경제적 가치에 관한 이론적 배경 및 환경재의 가치추정기법들을 고찰한다. 그리고 이들 추정기법에 대한 기존 연구 검토를 통해 소음가치 추정결과 및 각 가치추정기법의 장단점 및 한계를 제시한다. 그리고 특성가격기법과 회귀분석을 통해 최적 함수식과 한계소음가격을 도출하고, 지역별, 도로유형별 한계소음가격의 동일성 여부를 가설검정 한다.

본 연구의 장소적 범위는 수도권 내 대도시(서울 강남지역과 부천 중동지역)의 간선도로(고속도로, 도시 내 간선도로)에 인접한 아파트를 대상으로 하였다.

그 이유는 서울 강남지역은 대표적인 아파트 밀집지역이면서 고속도로를 인접하고 있기 때문이다. 한편, 분당·일산과 같은 수도권 신도시지역은 강남지역과 소득수준 차이가 나지 않기 때문에 제외하였다. 반면에 부천 중동지역은 소득수준도 강남과는 차이가 많이 나고 부동산 뱅크를 통해 볼 때 평당 주택가격도 상대적으로 낮아 지역적 차이를 볼 수 있기 때문에 분석대상에 포함하였다.

연구의 수행방법은 제2장에서는 환경재의 가치추정에 관한 이론적 배경 및 환경적 외부효과의 가치측정방법을 고찰하는데, 주로 환경경제학 이론을 근거로 환경재의 오염배출량 또는 질(質)의 변화, 그리고 가격이 변화하였을 때 이러한 후생개념들이 가치추정에 어떻게 적용되는지를 살펴본다. 한편 환경영향의 가치추정방법으로서 직접적 추정방법과 간접적 추정방법을 고찰하는데, 여기서는 간접적 추정방법 가운데 많이 사용되는 방법들인 피해함수기법(damage function approach),3) 통행비용기법(travel-cost method), 특성가격기법(hedonic price technique)을 차례로 그 내용과 문제점을 살펴보고, 직접적 추정방법인 조건부가치추정기법(contingent valuation method)에 대하여도 살펴본다.

제3장에서는 자동차 소음의 가치추정방법으로 독일, 미국, 일본 등지에서 연구된 산정기법 및 연구결과 등을 중심으로 기존 연구를 고찰하여 외국사례의 시사점을 도출한다. 즉, 선진 외국에서 주로 적용하는 환경재 가치측정기법들의 장단점을 고찰하여 우리나라에의 적합한 방법론이 무엇인지 모색하는 것이다.

제4장 자료수집 및 특성분석에서는 소음과 도로교통특성과의 관계를 소음예측모형에 내재하고 있는 교통량, 속도, 대형차 구성비 등을 토대로 고찰하고, 조사대상 아파트의 선정 및 조사항목과 분석방법을

---

3) 이 방법은 환경오염이 인간의 건강이나 농작물, 건축물 등에 끼치는 피해를 분석하여 간접적으로 편익을 추정하는 방법이다. 해독함수는 공해의 수준과 실물적인 피해를 연결시키는 함수로서 보통 "복용-반응함수"(dose-response relationship)라고 불리기도 하고, 인간에 대한 피해만 생각할 때는 주로 사상율 감소모형이라고 불린다.

제시한다. 즉, 사례지역 대상도로의 소음발생현황과 분석대상 아파트에서 조사된 자료의 통계적 분석결과를 제시한다. 특히 부동산 중개소를 통한 조사대상 아파트의 매매가격 조사와 그 아파트의 실제 소음측정을 통해 소음수준에 따른 아파트 매매가격 차이를 지역별, 평형대별로 통계분석 한다.

제5장 자동차 소음가치의 추정에서는 통계적인 회귀분석 절차를 거쳐 함수형태별 모형설정과 추정을 통해 적합한 회귀식을 도출한다. 먼저 전체 조사자료를 대상으로 함수형태별 모형의 적합성 및 한계소음가격을 도출한 뒤, 대·중·소형 아파트의 함수형태별 한계소음가격의 범위를 제시한다. 또한 챠오테스트(chow test)와 더미변수를 이용하여 한계소음가격이 지역별, 도로유형별로 차이가 있는지를 가설검정한다. 전체 조사자료에 대한 분석 이외에 서울시와 경기도 지역 자료에 의한 추정을 통해 대상 지역별 한계소음가격 및 평형대별 한계소음가격을 함수형태별로 도출하고, 두 지역을 동일 평형대별과 소득대리변수로서의 지역 간 평형대별 교차비교로 소득수준에 따른 한계소음가격 차이를 비교·분석함으로써 궁극적으로는 주택가격에 내재된 소음가치의 비중을 도출한다.

마지막 제6장에서는 연구의 결과를 요약정리하고 정책적 시사점과 향후 연구과제를 제시한다.

본 연구는 다음 〈그림 1-1〉과 같은 순서로 진행된다.

<그림 1-1> 연구의 흐름도

서 론
(연구배경 및 목적, 연구의 범위 및 접근방법)
이론적 배경 및 가치추정기법 고찰
(환경영향의 가치에 대한 이론 및 가치추정기법 검토)
자동차 소음가치 추정에 관한 기존 연구 고찰
(외국의 소음피해비용 산정사례 및 시사점 도출-유럽 ,일본, 미국 등)
자료수집 및 특성분석
(자료조사 방법 및 접근방법 도출)
통계적 분석
자동차 소음가치의 추정
(사례지역에 대한 실증분석 및 결과해석)
결 론
(연구결과, 정책적 시사점)

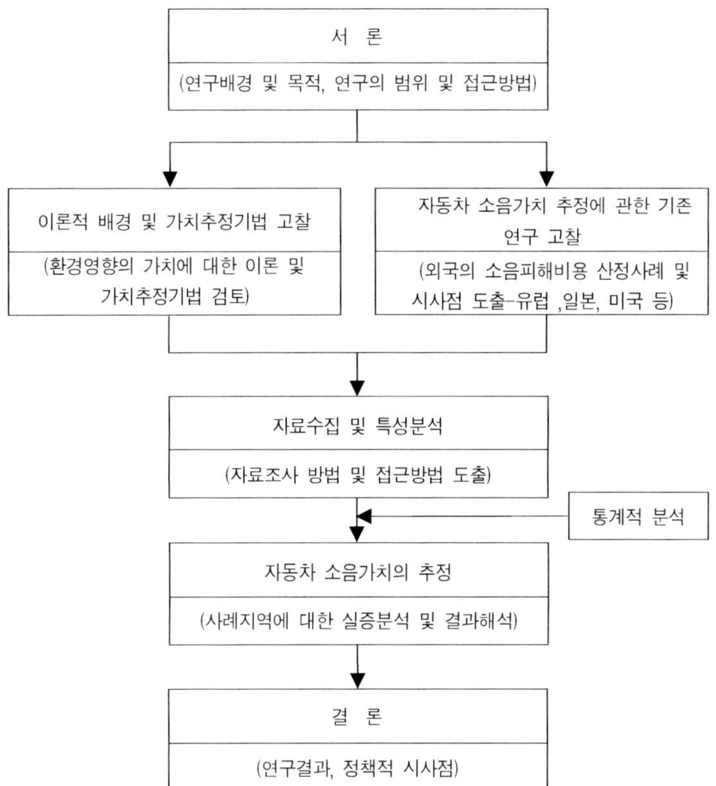

제2장 환경재의 가치추정기법에 관한 이론

제1절 환경의 경제적 가치

환경이 경제적 가치를 가진다는 것은 의심할 여지가 없다. 특히 현대도시에서와 같이 맑은 공기, 맑은 물 등이 희소재가 되어 있는 경우, 이들이 경제적 가치를 가진다는 사실은 누구에게나 자명하다. 이러한 환경의 경제적 가치[4]는 크게 사용자 가치(User value)와 본질적 가치(Intrinsic value)로 나눌 수 있다.

사용자 가치란 사용자인 우리가 환경을 이용함으로써 얻게 되는 편익을 지칭한다. 사용자 가치는 또한 실제사용가치와 옵션가치로 나눌 수 있다. 실제사용가치란 우리가 실제로 환경을 이용함으로써 얻게 되는 가치이다. 전원풍경을 즐기는 사람은 전원풍경을 바라봄으로써 편익을 얻게 되는데 이때 자연환경을 실제로 사용하였다고도 볼 수 있다. 반면 옵션가치란 현재는 사용하지 않지만 나중에 사용할지도 모를 가능성에 대하여 일정가치를 부여하는 것이다.

사용자 가치 = 실제사용가치 + 옵션가치

반면에, 본질적 가치는 자연 또는 환경이 실제사용이나 앞으로의 사용 가능성과 상관없이 가지는 본질적인 가치를 말한다. 특별히 환경보호론자가 아닐지라도 희귀한 동식물 또는 멸종위기에 처한 동식물의 경

---

4) David W. Pearce; R. Kerry Turner(1990), Economics of natural resources and the environment, pp.129-134 참조.

우 우리가 특별히 이들을 이용할 가능성이 전혀 없더라도 그 자체로 일정한 가치를 지닌다는 데 동의할 것이다. 따라서 환경의 경제적 가치는 실제사용가치와 옵션가치 그리고 본질가치의 합으로 표시될 수 있다.

경제적 가치＝실제사용가치＋옵션가치＋본질적 가치

제2절 환경의 경제적 가치에 관한 이론적 배경

환경재의 경제적 가치추정은 후생경제학 이론에 그 기반을 두고 있으며, 따라서 본 절에서는 환경재에 대한 편익추정 시 이론적 기본이 될 수 있는 경제개념들을 살펴보고자 한다.

편익추정은 1850년경 프랑스의 기술자 듀피(J. Dupuit)에 의해 처음 소개되었다. 그는 교량건설로 인한 주민들의 피해를 어느 정도 보상해 주어야 하는가에 대한 문제를 소비자잉여의 개념으로 해결하고자 노력하였다. 그 후 마샬(A. Marchall)에 의해 경제학에 본격적으로 도입되었다. 마샬의 소비자잉여는 가격이나 수량의 변화가 있을 경우 보통수요곡선 아래의 면적 변화로 정의한다. 그러나 보통수요곡선이 효용이나 만족도를 일정하게 유지하는 것이 아니라 소득을 일정수준으로 유지하고 있다는 점에서 마샬의 이론은 문제점이 있다는 지적을 받고 있다. 이에 힉스(J. Hicks)는 이 같은 문제를 극복하기 위하여 효용수준을 일정하게 유지시키는 보상수요함수에 근거한 힉스적 후생개념(Hicksian welfare measure)을 제시하였다. 이론적으로는 힉스의 후생개념이 우수하지만, 반면에 시장에서 이를 측정하기가 어렵다는 단점이 있다. 이제 가격이나 수량 또는 질(quality)이 변화하였을 때 이러한 후생개념들이 편익추정에 어떻게 적용될 수 있는가를 살펴보도록 한다.

1. 기본모델

환경질 개선(악화)으로 인한 개인의 효용증가(감소)에 대한 화폐적 가치측정을 하기 위해서 다음과 같은 효용함수하에서 효용극대화 문제를 고려하여 보자. 여기서 X는 사적재 벡터, Q는 외생적으로 결정되는 환경질의 수준을 나타내는 대리변수, P는 사적재의 가격벡터, 그리고 Y는 소득수준을 나타낸다.

$$MaxU = U(X, Q) \tag{2-1}$$
$$\text{subject to } PX \leq Y \tag{2-2}$$

극대화의 일계 조건으로부터 마샬의 보통수요함수를 도출할 수 있다.

$$X_i = X_i(P, Q, Y) \tag{2-3}$$

식 (2-3)을 식 (2-1)에 대입시킴으로써 간접효용함수(indirect utility function)를 얻을 수 있다.

$$U = V(P, Q, Y) \tag{2-4}$$

환경질의 개선(악화)은 이들 변수들의 변화를 거쳐 효용수준에도 영향을 미친다. 예를 들어, 대기질의 개선은 농산물 수확량 증가에 따른 토지가격의 상승으로 농부의 효용을 증대시킨다. 식 (2-1)을 만족시켜 주는 효용수준을 U_m이라고 하면 극대화 문제의 쌍대성(Duality)으로부터 다음의 식을 얻는다.

$$\text{Min } PX \qquad\qquad\qquad (2\text{-}5)$$

$$\text{subject to} \quad U\,(X,Q) \leq\ U_m \qquad\qquad (2\text{-}6)$$

극소화 문제의 일계 조건으로부터 다음과 같은 지출함수를 도출할 수 있다.

$$E = E(P,\,Q,\,U_m) \qquad\qquad\qquad (2\text{-}7)$$

식 (2-7)로 나타난 지출함수는 다음과 같은 유용한 성질들을 가지고 있다.

$$\partial E/\partial P_i = X^*_i = X^*_i(P,\,Q,\,U_m) \qquad\qquad (2\text{-}8)$$

$$-\partial E/\partial Q = W^*_i = W^*_i(P,\,Q,\,U_m) \qquad\qquad (2\text{-}9)$$

식 (2-8)은 힉스의 보상수요함수를 의미하고, 식 (2-9)는 환경질 Q에 대한 한계지불의사를 나타낸다.

2. 가격변화와 사회적 후생변화

가격이 변할 경우 후생변화를 측정하기 위한 이론적 개념으로는 세 가지를 들 수 있다. 힉스의 동등변화(equivalent variation)와 보상변화(compensating variation), 그리고 마샬의 소비자잉여변화(consumer surplus)이다.

재화 X_1의 가격이 P^0에서 P^1으로 하락했다고 하자. 이때 소비자의 효용극대화 원리에 따라 효용은 U^0에서 U^1으로 증가하게 된다.

지출함수를 통해서 최초의 가격집합 및 환경질하에서 U^1을 유지하기 위하여 필요한 지출을 결정할 수 있다. 이러한 지출을 동등변화(EV)라고 한다. 즉 동등변화한 효용을 증가시키기 위해 필요한 소득의 증가를 의미한다.

$$EV = E(P^0, Q, U^1) - E(P^0, Q, U^0) \tag{2-10}$$

소득의 변화 없이 가격만 변화할 때, 총지출은 변화하지 않고 다만 효용만 U^1으로 변한다.

$$E(P^0, Q, U^0) = E(P^1, Q, U^1) \tag{2-11}$$

식 (2-11)을 식 (2-10)에 대입하면,

$$EV = E(P^0, Q, U^1) - E(P^1, Q, U^1) \tag{2-12}$$

〈그림 2-1〉에서와 같이 EV는 U^1을 유지하고 있는 힉스의 보상수요곡선 (D_H^1)하의 두 가격 사이의 면적 (P^0BDP^1)으로 표시된다.

$$EV = \int_{P^0}^{P^1} X_i^*(P, Q, U^1)dP_i \tag{2-13}$$

보상변화(CV)는 초기의 가격집합과 새로운 가격집합 사이에서 개인이 무차별하도록 만들어 주는 보상적 소득변화를 의미한다. 즉, CV는 다음과 같이 정의한다.

$$CV = E(P^1, Q, U^0) - E(P^0, Q, U^0) \qquad (2\text{-}14)$$

CV는 새로운 가격집합하에서 두 개의 다른 효용수준을 유지하기 위해 요구되는 지출을 비교한다. 식 (2-11)을 식(2-14)에 대입하면 다음과 같이 표시된다.

$$CV = E(P^1, Q, U^0) - E(P^1, Q, U^1) \qquad (2\text{-}15)$$

<그림 2-1> 동등 및 보상변화와 소비자잉여

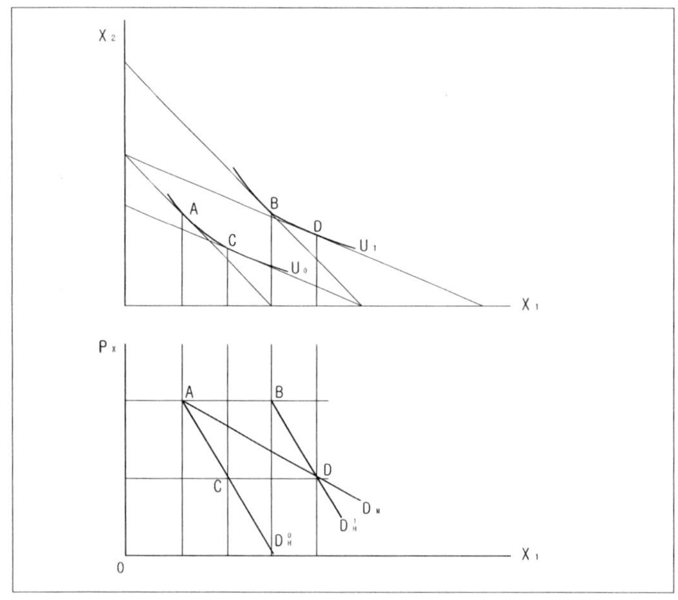

CV는 U^0을 유지하고 있는 수요곡선 (D_H^0)상에서 가격 사이의 면적 (P^0ACP^1)으로 계산할 수 있다.〔<그림 2-1> 참조〕

$$CV = \int_{P^0}^{P^1} X_i^*(P, Q, U^0) dP_i \qquad\qquad (2\text{-}16)$$

세 번째 개념은 이론적 정당성은 다소 약하나 CV나 EV에 대한 유용한 근사치인 마샬의 소비자잉여(S)이다. 〈그림 2-1〉에서와 같이 S는 보통수요곡선하의 면적 (P^0ADP^1)이다. 이를 식으로 나타내면 다음과 같다.

$$S = \int_{P^0}^{P^1} X_i(P, Q, Y) dP_i \qquad\qquad (2\text{-}17)$$

이 세 가지 방법은 소득탄력성이 0이 아닌 각기 다른 후생수준을 제공한다. 소득탄력성이 0이 되면 가격변화에 대한 소득효과가 없으므로 보상수요곡선과 보통수요곡선은 일치하게 된다.

하지만 일반적인 경우 소득탄력성이 0이라고 가정하기 어렵다. 또한, 이론상으로 우월한 힉스의 보상수요함수는 일반적으로 시장행동의 관측치로 부터는 도출되기 어렵다. 실제로 유도해 낼 수 있는 것은 보통수요함수의 대략적으로 신뢰할만한 추정치 일 뿐이다. 하지만 Willing(1976)[5]은 소비자잉여(S)가 CV나 EV의 근사치가 될 수 있다는 것을 보여주었다. 그는 주어진 가격, 수량, 소득 하에서 세 가지 측정법 사이의 차이를 계산하는 방법을 제시하였는데 이 세 가지 측정법의 차이는 수요의 소득탄력성과 소비자잉여의 소득이나 지출에 대한 비율에 의존한다고 하였다. 또, 그 차이는 대부분 현실적인 경우 계량경제적 수단에 의한 수요함수추정 시 발생하는 오차보다도 작아서 거의 무시할 만하다고 하였다. Willing은 가격과 수량의 유한한 변화의

---

5) Willig, R. D.(1976), "Consumer Surplus without Apology", American Economic Review, Vol.66, pp.586-597.

30

경우 소득탄력성이 가격변화의 범위에 따라 변할 수 있다는 가능성을
고려하여 S를 EV 또는 CV의 근사치로 사용할 때 최대오차를 추정하
는 법을 도출했다. 처음에는 단일가격변화에 대해 분석하였으나 이를
여러 가지 가격변화의 경우에까지 확장시켰다. 그 법칙은 다음 조건이
만족될 때 적용 가능하다.

$$\left| \frac{S}{Y} \frac{E_{\min}}{2} \right| \leq 0.05 \quad \left| \frac{S}{Y} \frac{E_{\max}}{2} \right| \leq 0.05 \tag{2-18}$$

그리고

$$\left| \frac{S}{Y} \right| \leq 0.9 \tag{2-19}$$

$$E_{\min} = 최소소득탄력성, \ E_{\max} = 최대소득탄력성$$

경험적으로 보아 이 조건하의 CV에 대해서는 다음의 수식이 성립된다.

$$\frac{|S|}{Y} \frac{E_{\min}}{2} \leq \frac{CV - S}{|S|} \leq \frac{|S|}{Y} \frac{E_{\max}}{2} \tag{2-20}$$

EV에 대해서는

$$\frac{|S|}{Y} \frac{E_{\min}}{2} \leq \frac{S - EV}{|S|} \leq \frac{|S|}{Y} \frac{E_{\max}}{2} \tag{2-21}$$

식 (2-19)에서 소득의 비율로서 소비자잉여(S)는 가격변화폭, 가격
탄력성이 재화에 대한 지출에 의존한다. 가격변화가 작을수록 $|S|/Y$

는 작아진다. 즉,

$$\frac{|S|}{Y} \leq \frac{|\Delta P|}{P} \frac{P \cdot X}{Y} \qquad (2\text{-}22)$$

이는 예를 들면 총소득의 50%를 차지하는 재화의 100% 가격변화에 대해 $|S|/Y$는 0.5를 초과할 수 없다. 총소득의 10%를 차지하는 재화의 10% 가격변화에 대해 $|S|/Y$는 0.01을 초과할 수 없다. 그래서 식 (2-19)조건은 예산에서 큰 비중을 차지하면서 가격탄력성이 낮은 재화가 큰 폭으로 가격이 상승하는 경우를 제외하고는 일반적으로 만족될 수 있다. Willing(1976)는 가격하락에 대해서는 식 (2-22)의 부등호의 방향이 바뀐다고 하였다. 그러나 표본계산의 결과는 식 (2-22)의 조건이 매우 큰 가격탄력성, 큰 가격하락, 높은 지출비중의 조합을 제외하고 성립한다는 것을 보여준다. 조건 (2-18)에 대해서는 소비자잉여가 소득에서의 비중이 작을수록 소득탄력성의 영향은 작아지고 결과적으로 식 (2-18)이 만족될 가능성이 높게 된다. 예를 들어, 소비자잉여가 소득의 5%이면 소득탄력성이 2.0이 되어도 식 (2-18)을 만족한다. $|S|/Y$가 겨우 식 (2-19)조건을 만족시키면 식 (2-18)을 만족시키기 위해서는 소득탄력성이 0.11을 초과할 수 없다. 따라서 식 (2-18), 식 (2-19) 조건이 성립하면 다음과 같은 사실을 알 수 있다.

첫째, 식 (2-18)에 따르면 S를 CV 또는 EV의 근사치로 사용하는 데 따른 최대오차는 5%이다.

둘째, 소득탄력성이 작을수록 식 (2-20)과 식 (2-21)은 EV와 CV 대신 S를 사용하는 데 대한 더욱 정확한 오차를 표시한다. 소득탄력성이 동일하면 즉, $E_{\min} = E_{\max}$이면 식 (2-20)과 식 (2-21)은 동일한 식이 되고 오차 자체를 나타낸다.

셋째, 소득탄력성이 감소하면 S, CV, EV 사이의 차이는 감소하고, 또한 E_m이 0으로 수렴하면 그 차이는 없어지게 된다.

요약하면 Willing의 분석은 경험적으로 관측 가능한 소비자잉여를 이론적으로 우월한 EV 또는 CV의 유효한 근사치로 사용하는 데 대한 정당성을 제공하고 있다.

위 방법의 대안이 Hausman(1981)6)이 보여준 보통수요함수로부터 간접효용함수(indirect utility function)를 유도하는 방법이다. 일단 간접효용함수가 알려지면 EV 또는 CV를 계산하는 것은 그다지 어려운 일이 아니다. 간접효용함수의 해는 로이의 항등식(Roy's identity)에 기초하고 있다.

$$X = - \frac{\partial V/\partial P_i}{\partial V/\partial Y} \tag{2-23}$$

여기서 좌변은 알려져 있으므로 간접효용함수는 적분에 의해 풀 수 있다. 그러나 이때 수요함수는 Q를 변수로 포함하고 있지 않아야 한다. 만약 Q가 보통수요함수의 변수가 되면 적분조건은 만족되지 않는다. 따라서 Hausman의 방법은 적용될 수 없다. 이 방법은 어떤 형태의 분리제약(separability restriction)이 수요함수에서 Q를 제거할 수 있는 재화의 경우에만 가능하다. 예를 들면, 식품의 수요는 아마 대기오염수준과 독립적일 것이다. 반면에 만일 대기오염 규제가 농업생산성을 증가시키고 식품가격을 하락시킨다면 Hausman의 과정은 이들 상품의 수요함수로부터 정확한 후생변화측정을 하기 위하여 사용할 수 있다.

---

6) Hauseman, J. A(1981), "Exact Consumer' Surplus and Dead-weight Loss", American Economic Review, Vol.71, pp.662-676.

3. 환경질의 변화와 사회적 후생변화

환경재나 공공재의 경우는 보통 정부가 질이나 양을 직접 통제하게 된다. 따라서 일반재화의 가격변화의 경우와 달리 소비자가 소비량을 자유로이 선택할 수 없다. 비가격변화, 즉 수질개선, 대기질 개선 등 정부가 직접 통제하는 경우에는 힉스의 잉여(Hicksian surplus)개념을 사용한다. 그림 (2-2)는 양이나 질의 변화에 따른 힉스의 보상잉여(compensating surplus), 동등잉여(equivalent surplus)와 마샬의 소비자잉여(consumer surplus)개념을 보여주고 있다.

예를 들어, 대기질을 개선시켜 가시거리 수준을 높이는 것과 같이 소비량이 증가하는 경우 보상잉여(CS)는 최초의 효용수준을 유지하면서 개선된 대기질을 얻기 위하여 기꺼이 지불하려는 지불의사(WTP)의 최대값이 된다. 반대로 공장의 신설로 대기질이 악화될 때 CS는 소비자가 감소된 대기질을 기꺼이 받아들이는 데 대한 지불의사(WTA)의 최소값이 된다. 지출함수를 사용하여 살펴보면 다음과 같다. P^0, Q^0, U^0, Y^0를 초기값이라 하고 P^1, Q^1, U^1, Y^1을 변화된 어떤 수준이라고 하면 CS는 다음과 같이 정의된다.

$$CS = E(P^0, Q^0, U^0) - E(P^0, Q^1, U^0) = Y_0 - Y_1 \qquad (2\text{-}24)$$

<그림 2-2> 수요곡선변화

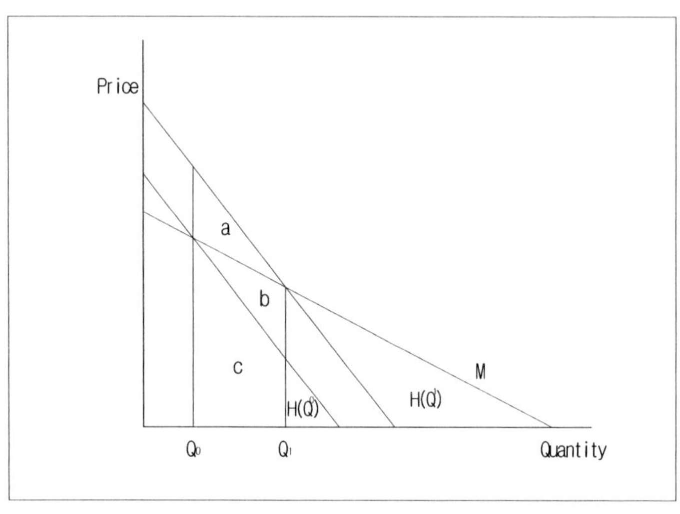

M: 보통수요곡선
$H(Q^0)$: 효용수준 U^0하에서의 보상수요곡선
$H(Q^1)$: 효용수준 U^1하에서의 보상수요곡선
CS: c
ES: a+b+c
S: b+c

　만약, CS가 양이면 Q^1을 Q^0보다 선호하여 소비자가 효용수준이 초기상태와 같아지는 점까지 지불하려고 할 것이다.

　동등잉여(ES)는 환경질이 개선되는 경우, 환경질 개선으로 야기되는 효용수준과 동일한 효용수준을 실제 환경질의 개선 없이 도달하는 데 대해 소비자가 기꺼이 받아들이고자 하는 최소지불액으로 표시된다. 또 환경질이 악화되는 경우에는 소비자가 악화를 피하기 위하여 지불하려 하는 지불의사로 정의된다. 이를 지출함수로 나타내면 다음과 같다.

$$ES = E(P^0, Q^0, U^1) - E(P^0, Q^1, U^1) = Y^*_0 - Y^*_1 \qquad (2\text{-}25)$$

만약, Q^1이 Q^0보다 선호된다면 우리는 지불의사값을 위 식에서 얻을 수 있을 것이다.

마지막으로 소비자잉여(S)는 보통수요함수하의 면적으로 표시되고 W($\cdot$)를 역수요함수라고 가정하면 다음과 같다.

$$S = \int_{Q^0}^{Q^1} W(P, Q, Y)\, dQ \qquad (2\text{-}26)$$

이상에서 본 바와 같이 환경질 개선 및 악화에 따른 후생변화를 측정하는 방법은 전통적인 마샬의 소비자잉여와 함께 Hicks의 네 가지 후생개념이 있다. 이 가운데 Hicks의 방법은 이론적 근거가 확실하나 현실에서 보상수요함수를 측정하기 어렵다는 단점이 있다. Willig는 마샬의 소비자잉여가 Hicks의 후생개념 측정치와 아주 가깝다는 사실을 도출하고 있어 이를 경험법칙에 의해 사용해도 무방하다는 주장을 하고 있으나 이론적인 근거가 약하다는 단점이 있다.

지금까지 환경의 경제적 가치에 관한 이론적 배경을 살펴보았으나, 현실적으로 후생경제이론에 입각하여 환경재의 수요곡선을 도출하는 것은 지극히 어렵다. 따라서 주로 기존 연구에서는 환경재의 가치추정기법을 통해 환경재의 가치를 추정하고 있으며, 본 연구에서도 이러한 추세에 입각하여 다음 절에서 환경재의 가치추정기법을 고찰하고자 한다.

제3절 환경재의 가치추정기법 고찰

일반적으로 보통시장에서 거래되는 재화나 용역의 경제적 가치를 평가하는 것은 본질적으로 그들의 시장수요곡선을 추정하는 일이다. 그러나 대부분의 환경재나 환경서비스는 시장에서 거래되지 않으므로 시장가격과 시장수요곡선을 직접 추정하는 것이 용이하지 않다.

그렇다 하더라도 소비자들은 환경재 없이 지내기보다는 그것을 갖기 위해 얼마쯤 지불해도 좋겠다는 주관적인 지불의사값은 가지고 있다. 이때 지불해도 좋다는 가격은 실제가격은 아니지만 잠재가격이라 볼 수 있다. 환경재에 대한 지불의사값이 존재한다는 것은 환경재의 가치를 측정할 수 있다는 근거를 제공한다. 시장이 존재하는 재화나 용역에 대한 구매결정을 할 때도 소비자들은 시장가격과 자기들의 지불의사값을 비교하여 지불의사값이 시장가격보다 더 클 때 구매를 하고 그렇지 않을 때는 하지 않기 때문이다.

본 장에서는 환경재의 가치를 추정하는 직접적·간접적 방법을 소개하며, 각 기법의 장단점 및 특성을 기술하고자 한다.

1. 피해함수기법

환경질 개선 시에 발생하는 편익을 추정하는 대부분의 방법들은 사람들이 공해가 야기하는 효과들을 분명하게 알고 있다는 것을 가정하고 있다. 그러나 만일 사람들이 공해와 그것이 야기하는 효과 사이의 연계를 제대로 알지 못하는 경우에는 직접적인 접근법들을 이용해서 피해 또는 편익의 진정한 가치를 추정할 수 없는 문제가 발생하게 된다. 바로 이러한 경우 환경오염이 인간의 건강이나 농작물, 건축물 등에 끼치는 피해를 분석해서 간접적으로 편익을 추정하는 방법이 피해함수접근법

(damage function approach)이다. 피해함수는 공해의 수준과 실물적인 피해를 연결시키는 함수로서 보통 "복용－반응함수"(dose-response relationship)라고 불리기도 하고, 인간에 대한 피해만을 생각할 때는 주로 사상률 감소모형이라고도 불린다. 그 기본적인 내용은 다음과 같다.

단계 1: P＝R(P, other) 꼴의 (실물)해독함수를 설정한다.
단계 2: 다중회귀분석법을 통해서 P에 대한 계수를 계산한다. 즉, dR/dP를 계산한다.
단계 3: 환경정책에 기인하는 공해의 변화량 ΔP를 계산한다.
단계 4: ΔP×dR/dP에 의해 실물피해의 변화량 ΔR을 계산한다.
단계 5: 그 피해물질의 단위당 가격 v에 대해, v×ΔR을 통해 최종적으로 환경정책에 의해 "회피된 피해" ΔD를 구하면 이것이 바로 그 정책으로 인해 발생한 편익의 화폐가치이다. (여기서 R은 실물피해 혹은 반응을, P는 공해를 나타낸다)

이 방법을 이용해서 편익을 추정하는 기존 연구들이 대상으로 주로 채택한 것은 인간의 건강, 건물부식, 식물·농작물 등이다. 공해가 건강에 끼치는 효과는 주로 사망률과 질병에 걸릴 확률에 반영되고 있으며, 물질에 끼치는 효과에 반영된다고 가정하고 분석을 한다. 그리고 각종 농작물에 끼치는 효과는 비교적 연구가 활발한 부분으로 그 결과의 신뢰도도 가장 높다 하겠는데, 특히 산성비나 오존농도의 증가가 농작물의 생산량에 끼친 효과를 분석하는 데 많은 연구가 초점을 맞추고 있다. 이 가운데 가장 큰 문제가 되는 것은 공해 방지정책을 써서 환경이 개선된 경우 증진된 인간의 건강이 얼마의 화폐가치를 갖느냐 하는 점이다. 이러한 편익을 화폐단위로 측정하는 것은 인간의 생명에 적당한 화폐가치를 부여할 때만 가능하다. 여기서는 크게 다음의 두 방법으로 나누어서 설명하기로 한다.

1) 지불의사접근법(willingness to pay approach)

이 방법은 기본적으로 사람의 건강 및 장수도 일정한 값을 가진 하나의 재화일 뿐 우리가 어떤 비용을 들여서라도 추구해야 할 목표로 보지 않는다. 즉, 기대수명도 하나의 설명변수로서 효용함수에 들어갈 뿐이고 만일 기대수명은 좀 낮아지더라도 다른 재화에 대한 소비를 늘리는 것이 더 낫다고 생각하는 사람은 당연히 그런 결정을 내릴 것이라고 보는 것이다.

스턴트맨, 흡연가, 시간은 적게 걸리지만 전쟁위험이 높은 지역을 통과하는 비행기를 선택하는 사람 등이 그 좋은 예라 할 수 있다.

통계적 생명, 혹은 기대수명의 가치는 다음과 같이 계산한다. 여기서 B는 통계적 생명의 가치, W_i는 i번째 개인의 지불의사액, n은 개인의 수, d_{mj}는 요인 j에 의한 사망률 d_{mj}의 변화분을 나타낸다.

$$B = \frac{\sum W_i}{- n \times d_{mj}} \qquad (3\text{-}1)$$

이 접근법에서 정작 문제가 되는 것은 W_i가 구체적으로 얼마의 크기를 갖느냐 하는 것이 아니라 공해통제정책 또는 교통사고 예방대책에 영향을 받는 사람들의 정체성이라 할 수 있다. 즉, 어떤 사람들은 자신뿐만 아니라 가족이나 가까운 친척, 친구들의 사망률까지 고려하므로 이러한 일종의 외부효과를 어떻게 처리하느냐 하는 것이 앞으로의 과제라 할 수 있다. 그러나 지불의사접근법은 일단 후생변화를 측정하는 경제이론과 일치하기 때문에 다소간의 적용의 어려움에도 불구하고 사용되어 왔다. 기본적인 개념을 소개하면 다음과 같다.

단순한 1기간 모형(one-period model)을 고려하자. 효용은 복합재인 X를 소비함으로써 얻어지며, X의 초기부존과 그것을 소비할 수 있기 위해서 살아남을 확률(p)이 주어졌고, X_0 와 P_0 가 각각 초기부존 및 확률을 나타낸다고 가정하자. 또 교환을 통하여 소비와 생존확률을 선택할 수 있다고 하고, P_S 가 소비와 생존확률이 교환될 수 있는 가격을 대표한다고 하자. 그러면 사망할 경우의 효용이 0이라는 가정하에서 선택문제는 다음과 같다.

$$\text{Max } E[U] = PU(X) \tag{3-2}$$

$$\text{subject to } P_X X + P_S P - P_X X_0 - P_S P_0 = 0 \tag{3-3}$$

기대효용극대화의 일계조건은 다음과 같다.

$$P_S = P_X \frac{U(X)}{P \partial U / \partial X} \tag{3-4}$$

이 식은 향상된 생존의 가격이 주어진 상황하에서 향상된 생존에 대한 지불의사액(우변)과 일치한다는 것을 의미한다.

지출함수는 다음과 같다.

$$E = E(P_S, P_X, U_m) \tag{3-5}$$

지출함수의 P_S 에 대한 편미분값은 P에 대한 보상수요곡선을 제공한다.

다른 방법으로 접근하여 보자. 먼저, 생존확률은 환경수준에 의해서만 결정된다고 하자.

$$P = P(Q), \partial P / \partial Q \geq 0 \tag{3-6}$$

40

Q는 P를 통해서만 효용에 영향을 미치며 Q가 외생적이라면 지출함
수는 다음과 같다.

$$E = E(P_X, P(Q), U_m) \tag{3-7}$$

이의 편미분치는 Q개선의 한계편익이다.

$$\frac{\partial E(P_X, P(Q), U_m)}{\partial Q} = -P_X \frac{U(X)}{P\partial U/\partial X} \frac{\partial P}{\partial Q} = -W \tag{3-8}$$

앞에서 본 바와 같이 중간의 항은 생존확률의 작은 증가에 대한 지
불의사액이다. Q개선의 편익을 추정하기 위해서는 지불의사액과 생존
확률에 대한 Q의 효과 모두를 알아야 한다.

2) 인적자본접근법(human capital approach)

생명의 가치를 측정하는 여러 방법 가운데 현재 가장 널리 쓰이는
방법으로, 각 개인의 의사와는 아무런 관계없이 오직 한 인간이 구체
적으로 무엇을 생산했느냐 하는 산출결과만을 가치판단의 기준으로 삼
는다. 따라서 지불용의접근법에서는 상당히 큰 값을 갖는 기대수명의
가치가 단순하게 할인된 기대소득의 흐름, 혹은 소득의 현재가치에만
의존하는 이 방법으로 측정하면 과소평가 되는 경향이 있다. 한 개인
이 계속 살아감으로써 발생하는 편익의 화폐가치 B는 다음과 같이 계
산할 수 있다. 여기서 P_t는 t기의 생존율, E_t는 i가 t기에 벌어들인
소득, r은 할인율을 각각 나타낸다.

$$B_i = \sum_{t=0}^{T} P_t \cdot E_t \cdot (1+r)^{-t} \tag{3-9}$$

이 방법의 가장 큰 문제점은 주부와 같이 비시장 부문에서 일하는 노동자나 실업자의 생명가치를 어떻게 측정할 것인가 하는 점이다. 또한 전체 인구를 대상으로 하지 않고 어떤 특정한 부분집합만을 대상으로 분석하는 경우 독점, 수요독점, 불완전정보, 비자발적 실업 등 그 집합만의 특수한 성격에 결과가 크게 의존한다는 점도 해결되어야 할 문제라 할 수 있다. 그 밖에도 이 방법으로 측정된 편익을 앞에서 설명한 후생경제이론으로 설명하기 힘들다는 문제점도 지적되고 있다.

이상에서 살펴본 피해함수접근법은 전술한 바와 같이 사람들이 공해가 미치는 피해를 제대로 파악하지 못하고 있는 일반적인 상황에서도 적용 가능하다 하다는 점에서 유용한 방법이다. 그러나 요구되는 정보 및 자료의 양이 대단히 많다는 점에서 만일 필요정보량의 획득이 용이하지 않은 경우에는 적용이 힘들다는 단점이 있다. 미국을 제외한 대부분의 국가에서는 아직 이 방법의 수행을 뒷받침할 수 있는 자료의 확보가 미미한 수준이라 하겠는데, 물론 우리나라도 예외는 아니다. 여기서는 피해함수접근법을 이용해서 편익을 추정한 선구적이며 대표적인 연구라 할 수 있는 Lave and Seskin(1977)[7]의 연구결과를 간단히 소개하도록 하겠다. 이들은 1969년의 표준적인 대도시통계지역($SMSA_S$: standard metropolitan statistical areas)에 관한 자료를 이용하여 두 개의 대기오염물질(SO_4와 TSP)과 사망률 사이에 존재하는 통계적으로 유의한 관계를 추정하였다. 이들이 추정한 회귀식은 다음과 같다.

$$
\begin{aligned}
M = {} & 3.31 + 0.657(AGE) + 0.0204(NON-WHITE) \\
& + 0.0557(POOR) + 0.131(POP-DEN) \\
& - 0.365 Log(POP) + 0.00829(TSP) \\
& + 0.077(SO_4)^{[8]} \quad\quad\quad\quad\quad\quad\quad\quad\quad\quad (3\text{-}10)
\end{aligned}
$$

---

7) Lane, L., E.Seskin(1977), Air Pollution and Human Health, Johns Hopkins University Press, Baltimore.

Lave and Seskin은 M, TSP, SO_4의 평균값 및 위 추정식에서 얻은 계수를 이용하여 대기질이 1% 개선되었을 때 사망자수가 몇%나 줄어드는지 계산하였다.(M=9.002, SO_4=3.462, TSP=95.58)

$$E = \frac{\Delta M \cdot SO_4}{\Delta SO_4 \cdot M} + \frac{\Delta M \cdot TSP}{\Delta TSP \cdot M}$$

$$= \frac{1}{0.022}[(0.077)(3.462) + (0.0082)(95.58)] \fallingdotseq 0.116$$

$$(3\text{-}11)$$

즉 대기질이 1% 개선되었을 때 사망자는 약 0.12% 감소한다는 결과를 얻었으며 생명의 가치에 대한 기존의 연구결과를 이용하여 이러한 사망률의 감소는 1973년 가격으로 161억 달러의 가치에 해당한다고 결론지었다.

그러나 Lipfert(1984)[9]는 보다 확충된 데이터 베이스하에서, 그리고 함수형태 및 변수선택에의 민감도 등을 보다 자세하게 고려하면서 회귀분석을 한 결과 TSP의 계수는 여전히 유의하지만 SO_4의 계수는 변수들이 추가될 때 급격히 감소함을 보이고, 새롭게 조정된 분석에서는 흡연 여부, 음용수의 질, 오존농도 등이 오히려 통계적으로 유의하다고 하였다. 이러한 결과를 가져온 원인으로 Lipfert는 SO_4와 TSP가 같은 방향으로 상호작용을 일으키는 점을 지적하였다. 인체에 영향을

---

8) M: 인구 1,000명당 사망자의 수.
   AGE: 65세 이하 인구의 비율.
   NON-WHITE: 비백인의 비율.
   POOR: 빈자의 비율.
   POP-DEN: 인구밀도.
9) Lipfert, F. W.(1984), "Air Pollution and Mortality: Specification Searches Using SMSA-Based Data", Journal of Environmental Economics and Management Vol.11, pp.208-243.

미치는 여러 다양한 변수들을 어떻게 적절히 고려해서 실증분석을 할 것인가의 문제는 앞에서 이미 언급한 바 있는 사람의 수명에 대한 가치평가의 문제와 더불어 해독함수 접근법이 안고 있는 과제라 할 수 있다.

2. 통행비용기법

통행비용접근법은 공원, 호수, 야영장 등과 같은 여가시설에서 환경질이 개선되었을 때 발생하는 편익을 추정하는 방법이다. 위락시설을 이용하기 위해서는 위락시설까지 시간과 비용을 수반하여 이동하여야 한다. 따라서 이 방법의 기본적인 틀은 어떤 위락지역의 시설을 이용하기 위하여 사람들이 얼마의 액수를 지불할 용의가 있는지를 추정하기 위해서 그 위락지역에 도달하는 데 소요된 시간과 비용에 관한 정보를 이용하는 것이다. 이러한 일반적인 틀 내에서 상당히 많은 모형들이 개발, 사용되어 왔는데 이들을 총칭하여 보통 통행비용접근법(travel-cost approach)이라 한다. 여기서는 그 가운데 대표격이라 할 수 있는 Clawson-Knetch모형을 살펴보도록 한다.[10]

이 모형은 사람들 일반의 여가행위를 다루는 인구특성모형(population specific model)이 아니라 여가지역을 분석대상으로 삼는 지역특성모형(site specific model)인데, 먼저 모형에서 사용하고 있는 표기들을 설명하면 다음과 같다.

X는 복합재로서 기타의 모든 재화, P_X는 X의 가격, V_j는 지역 j에 놀러온 횟수, P_{vj}는 V_j의 가격(입장료에 해당), D_j는 지역 j까지의 거리, Z_j는 지역 j까지의 총통행거리 ($= V_j \times D_j$), c는 1마일당 단위통행비용(기름값 등이 포함됨), a_j는 한 번 방문 시 그곳에서

---

10) Clawson and Knetch(1966), "Economics of Outdoor Recreation", Reprint No.10, Resources for the Future Inc., Washington, D.C.

보내는 시간, t_j 는 1마일당 통행시간을 각각 나타낸다(j =1,……, n).

$$\text{Max} \quad U = U(X, V_j, Z_j) \tag{3-12}$$

$$\text{subject to} \quad M = P_X X + \sum_j P_{vj} V_j + \sum_j c Z_j (\text{예산제약}) \tag{3-13}$$

$$T = \sum_j a_j V_j + \sum_j t_j Z_j (\text{시간제약}) \tag{3-14}$$

편의상 효용함수를 다음과 같은 가법적인(additive) 형태로 가정하자.

$$U = U_1(X) + U_2(V_j) + U_3(Z_j) \tag{3-15}$$

그러면 효용극대화의 일계 필요조건을 충족시키는 식들 가운데 다음의 식을 얻는다.

$$\frac{\partial U_2}{\partial V_j} - \lambda P v_j + \lambda c D_j + \mu a_j + \mu t_j D_j - D_j \frac{\partial U_3}{\partial Z_j} = 0 \tag{3-16}$$

이 식에서 λ와 μ는 라그랑지승수로서 각각 화폐와 시간의 한계효용이라고 해석할 수 있다. 이 식이 의미하는 바는 다음과 같다.

j 지역을 한 번 방문 시 얻는 한계효용 $(\partial U_2/\partial V_j)$과 화폐 및 시간의 총기회비용이 일치하는 수준에서 방문횟수를 결정할 때 효용이 극대화된다. 총비용가운데서 처음 두 항은 입장료 및 기름값 등 j 지역에서 즐길 수 있기까지 소요된 돈과 관련된 기회비용이며, 세 번째 항 (μa_j)은 j 지역에서 즐긴 시간과 관련된 기회비용이다. 특히, 우리의 관심을 끄는 부분은 j 지역까지 오는 데 걸린 통행시간 (time in travel)의 기회비용을 나타내는 마지막 항 $\mu t_j D_j - D_j(\partial U_3/\partial Z_j)$이

다. 이 항이 의미하는 바는 통행시간과 관련된 진정한 순기회비용(net opportunity cost)은 총기회비용에서 통행 그 자체가 가져다주는 즐거움(예컨대, j 지역까지의 길이 멋진 경치를 따라 계속 된다면 효용은 증대될 것임)을 제해야만 얻을 수 있다는 것이다.[11]

이상의 논의는 V_j에 대한 수요함수를 도출하는 모형에 관한 설명이었다. 이제 제기되는 문제는 이 수요함수에 환경질, 예를 들어 호수가 있는 공원이라면 호수의 수질에 대해 인지하고 있는 정도가 얼마나 신빙성이 있느냐 하는 문제인데, 이러한 문제들은 분석대상이 아니므로 여기서는 이 문제들이 해결되었다고 가정하기로 한다.[12]

A지역에서 수질이 개선되는 경위 수요의 증가로 수요곡선은 D_1V_1에서 D_3V_3로 이동하지만 이용자가 아주 많아서 혼잡이 발생하게 되면 수요가 감소하게 되므로 최종적인 수요곡선은 D_2V_2가 된다.[13] 따라서 이때의 편익의 크기는 $\square D_2D_1V_2V_1$ 에 해당한다. 그러나 만일 지역 A와 대체관계에 있는 지역 B를 분석에 넣게 되면 A지역에서의 수질개선으로 인한 수요증가가 B지역에 미치는 효과도 고려해야 할 것이다. 수질변화가 있기 전의 B지역의 혼잡을 고려한 수요곡선은 D_5V_5였는데, A지역에서 수질이 개선됨으로 말미암아 ①, ②의 과정

---

11) 만일 j지역까지의 여행길이 몹시 고생스럽다면 $\partial U3/\partial Zj$는 陰의 값을 가질 것이기 때문에 이때는 여행 그 자체가 가져다주는 짜증 혹은 비효용이 더해져야 한다.

12) 예컨대, 수질의 변수로 용존산소량(dissolved oxygen), PH, 생화학적 산소요구량(BOD) 등 가운데 어떤 지표를 사용할 것이냐 하는 무제가 있으며, 또한 각 개인의 수질에 대한 인지정도는 객관적인 지수(indicator)와 조응하지 않는 경우가 많기 때문에 여러 휴양지 가운데 특별히 어떤 휴양지를 선택하는지를 설명하는데 수질의 인화능력은 아직 확고하게 입증되지 않은 상태라고 할 수 있다.
(Cesario(1976), Brinkly and Hanemann(1975) 등 참조).

13) 이 수요곡선을 "혼잡을 고려한 수요곡선"(adjusted congestion demand curve)이라고도 부른다.

을 거쳐 최종적인 수요곡선은 D_6V_6가 된다. 따라서 B지역에서의 편익의 증분 □$D_6D_5V_6V_5$만큼이 A지역에서 수질이 개선되었을 때 발생하는 편익에 더해져야 한다. 만일, A지역에서의 수질 개선으로 인한 B지역의 수요감소분(①)이 혼잡도의 감소에 의한 수요증가분(②)보다 더 크다면 그 차액만큼이 감해져야 하는데 일반적으로 어느 효과가 더 크게 작용하는지에 대해서는 아직 확실하게 정립되지 않은 상태이다.

<그림 2-3> 방문수요곡선과 편익

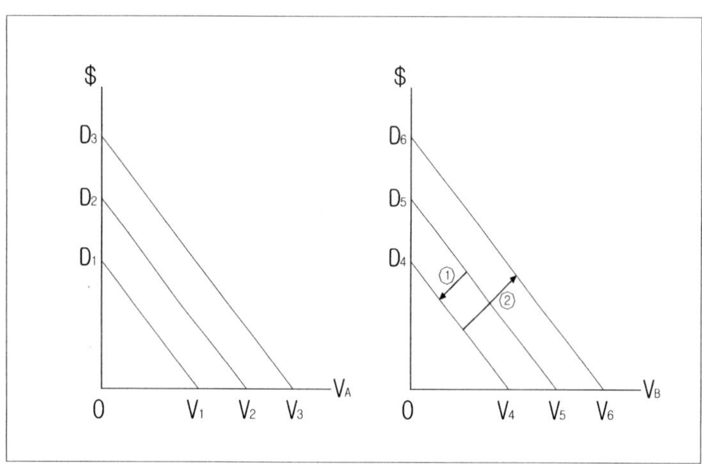

이상에서 살펴본 통행비용접근법은 여가지역 혹은 휴양지역에서의 환경질 개선이 가져오는 편익을 추정하는 데 대단히 중요한 방법이다. 그러나 그 긍정적인 측면에도 불구하고 몇 가지 문제점을 갖고 있는데, 첫 번째 문제점은 이 모형은 어떤 여가지역으로의 방문이 오로지 즐기기 위한 휴양목적에만 있다고 가정을 한다는 점이다. 만일 방문목적이 그 이외의 여러 가지라면, 즉 다목적적인(multi-purpose) 통행이

라면 각 목적들 간에 시간 및 화폐의 기회비용이 적절하게 배분되어야 하는데 그것은 대단히 자의적일 수밖에 없다. 두 번째는 기술적인 측면과 관련된 것으로 추정치의 의미가 명확하지 않다는 점이다. 셋째, 이 방법으로는 환경의 사용가치만 측정하게 되고 존재가치에 대한 편익은 배제된다는 것이다. 따라서 여행비용방법은 주로 레크레이션 활동에 대한 편익측정에만 적용될 수 있다는 것이다.

3. 특성가격기법

특성가격기법(hedonic price technique)에서는 환경재에 대한 시장이 명시적으로 존재하지 않는 경우 그 대체시장으로서 토지시장 혹은 주택시장을 이용하여 환경의 질이 개선됐을 때의 편익을 추정한다. 예를 들어, 88서울올림픽을 전후하여 한강의 경관을 개선시켰다고 하자. 그 이후 강변 쪽에 위치한 아파트가격이 상대적으로 많이 올랐다고 하였을 때 다른 모든 조건이 같다면 가격의 차이는 한강의 개선된 경관의 가치가 아파트가격에 반영된 것이라고 할 수 있겠다. 따라서 경관의 화폐적 가치를 아파트시장에서 간접적으로 도출해 낼 수 있다는 것이다.

이 기법은 1970년대 후반과 1980년대 초반에 걸쳐 집중적인 연구가 이루어진 후, 이제는 시장자료를 이용한 간접적 편익추정의 대표적인 방법으로 간주되고 있다. 특성가격기법을 이용한 편익추정방법은 크게 두 단계로 나누어지는데, 첫 번째 단계는 각 특성의 한계내포가격(MIP: marginal implicit price)을 추정하고, 두 번째 단계에서는 추정된 가격을 그 특성 외의 다른 모든 특성들에 대해 회귀시킴으로써 그 특성에 대한 수요곡선을 추정한다.

보다 구체적으로 살펴보기 위해, h_i를 주택서비스의 단위, P_h를 주택서비스에 대한 특성가격함수, S를 주택구조특성베터($1 \times J$), N을

48

근린특성벡터(1×K), Q를 환경특성벡터(1×M)라고 할 때,

$$P_h = h_i(S, N, Q) \tag{3-17}$$

의 관계가 성립된다.

이제 대기질을 Q_m으로 나타내면, Q_m의 한계내포가격은 특성가격함수 P_h를 Q_m에 대해 편미분함으로써 얻을 수 있다. 즉 Q_m의 한계내포가격을 P_{Qm}이라고 할 때,

$$\partial P_h / \partial Q_m = P_{Qm}(S, N, Q) \tag{3-18}$$

이다. 이때 한계내포가격은 Q_m 한 단위를 더 지닌 주택을 얻기 위하여 지불되어야 하는 비용의 증분을 의미한다. 특성가격함수를 추정하는 데 있어 주의하여야 할 점은 함수형태에 관한 설정이다. 로그 함수, 역로그 함수 등을 가정할 수 있겠으나 Box-Cox 함수형태로 전환시키는 것이 가장 일반적인 방법이다.

이제 한 도시지역의 주택시장에서 특성가격함수 (3-17)가 추정되었다고 하자. 주택시장에서 가격수용자로서 행동하는 가계는 자신의 효용을 극대화하기 위하여 Q_m의 MIP와 Q_m의 추가적인 한 단위에 대한 한계지불의사액(MWTP:marginal willingness to pay)이 일치하는 점에 이를 때까지 한계지불의사액 곡선상을 이동할 것이다.14) 따라서 실제 주택시장의 균형상태에서 가계가 선택하는 여러 특성들의 묶음으로서의 주택에 대한 수요는 MIP=MWTP를 보장하는 점들의 궤적인 셈이다. 이를 그림으로 나타내면 〈그림 2-4〉와 같다. 여기에서 $W_i(Q_m)$는 대기질에 대한 i번째 가계의 MWTP를, $W_j(Q_m)$는 j번째 가계

---

14) 이에 대한 엄밀한 증명은 Rosen(1974)을 참조.

의 MWTP를 나타낸다.

이제 다음 단계는 관측된 균형치로부터 Q_m에 대한 가계의 역수요함수, 즉 MWTP 함수를 찾아내는 일이다. 현재의 주어진 정보만으로 수요함수를 식별해 낼 수 있을까라는 물음에 대한 대답은 헤도닉가격함수 P_h가 어떤 형태를 가지느냐에 따라 달라진다. 첫 번째로 P_h가 Q_m에 대해서 선형인 경우 한계내포가격(MIP), $P_{Qm}(Q_m)$은 상수가 되어 〈그림 2-4〉에서 P_{Qm}곡선은 수평이 된다.

이때 수요곡선의 식별은 당연히 불가능하다. 두 번째로 모든 가계가 동일한 소득과 효용함수를 가지고 있는 경우에는 관측치들의 궤적 자체가 수요곡선이 된다. 왜냐하면, 이미 본 바와 같이 MIP 곡선 P_{Qm}은 가계의 MWTP 곡선 W_i 위의 점들의 궤적이고 만일 모든 가계가 동일한 소득과 효용함수를 가지고 있다면 이 점들은 모든 하나의 MWTP 위에 떨어질 것이기 때문이다. 세 번째로 위의 어느 경우도 아닌 가장 일반적인 경우, 즉 P_h가 선형도 아니고 가계의 소득과 효용함수가 동일하지도 않은 상황에서는 시장의 공급 측면이 아울러 분석되어야 한다.

<그림 2-4> 특성가격함수와 한계지불의사

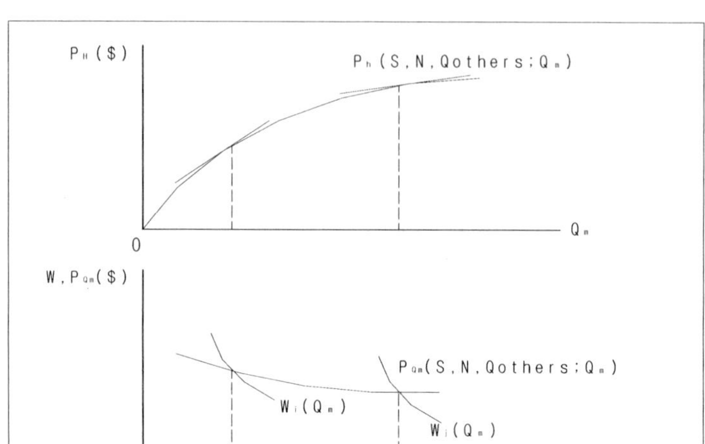

여기에는 세 가지 가능성이 존재하는데 첫째, 주택공급이 현재의 관측가격에서 완전 탄력적이라면 특성가격함수 P_h는 가계에 대해서 외생적인 것으로 간주할 수 있고, 이때 관측된 Q_m의 수준들을 가격 및 기타 외생독립변수들에 회귀시킴으로써 Q_m에 대한 수요곡선을 식별해 낼 수 있다. 둘째, 공급수준이 고정되어 있는 경우에는 Q_m이 외생적으로 되어서 가계가 주어진 수준에 대해 일종의 경매경기를 하는 것으로 볼 수 있고, 이때는 다양한 경매액수들을 고정된 Q_m의 수준 및 기타 변수들에 회귀시킴으로써 수요곡선을 식별해 낼 수 있는데 가계들이 모든 점에서 서로 다르기 때문에 수요곡선도 전부 다르게 나타날 것이다. 〈그림 2-4〉는 바로 이러한 경우를 보여준다. 셋째, 중간의 경우로서 수요와 공급이 모두 가격의 함수인 경우에는 연립방정식체계를 푸는 방법을 사용하여야만 하고 이때는 수요함수뿐만 아니라 공급함수도 동시에 식별되어야만 한다.15) 식별에 대한 문제는 특성가격기법을 적용하는 데 있어서 가장 논란이 되었던 부분이다. 현재까지 얻어진

결론은 연구대상지역과 유사한 다른 도시들에 대한 주택시장 데이터가 확보되어 이를 도구변수로 하여 소득제약선을 외생적으로 이동시킬 수 있어야지만 수요함수의 완전한 식별이 이루어질 수 있다는 것이다.16)

이상의 모든 단계를 거쳐서 Q_m에 대한 수요함수가 가계별로 추정되었다면 ΔQ_m만큼 환경질이 개선되었을 때의 편익은 수요곡선 이하의 면적으로 측정될 수 있다.

마지막으로 특성가격기법이 지니고 있는 몇 가지 문제점들에 대해 살펴보도록 하자. 첫째, 이 방법은 가계의 주거선택의 결과에만 의존하므

---

15) Rosen(1974), Freeman(1979, 1981)이 제시한 헤도닉방정식의 계수추정에 관한 이상의 방법에 대해 Bartic(1987)은 다음과 같이 비판한다. 헤도닉방정식의 모수추정에 관한 계량경제학적 문제는 수요-공급 상호작용에 의해 야기되는 표준적인 식별의 문제가 아니라 비선형 예산제약식에 직면하는 가계가 Qm에 대해 가지고 있는 선호에 의해 가격과 수량이 모두 모형 내로 내생화된다는 데 있다. 즉, 가계의 한계경매액함수(marginal bid function)

$$Wi = B0 + BiQm + B2X + eim$$

에서 교란항 eim이 di+rim(di: 관측되지 않는 선호와 관련된 교란항, rim: 순수하게 random한 요소와 관련된 교란항)으로 나누어지는데, 바로 di에 내생화된 가격이 상관됨으로써 통상 최소자승법(OLS)에 의해 얻은 Wi의 추정치는 필연적으로 편향될 수밖에 없다. 이에 대한 해결책으로 Bartik은 가계의 예산제약을 외생적으로 이동시킬 수 있는 변수(예컨대, 소득)에 의한 도구변수법을 제안했는데 예산제약식의 이동은 가계의 Qm, X의 선택에는 영향을 미치면서 관측불능의 선호와는 아무런 상관을 갖지 않기 때문에 도구변수법의 적용이 가능하다고 하였다.

16) 최근에 들어서는 수요에 대한 자료만 가지고 분석을 행하여도 이러한 식별의 문제가 중요하지 않을 수 있다는 것을 Diamond and Smith(1985)에서 보였다. 수요 측면만을 고려하면 식별문제는 본문에 제시된 Rosen식의 통상적인 식별문제와는 다른 식별문제를 생각해야 한다. 그 원인은 식 (3-18)의 종속변수와 설명변수가 모두 내생변수라는 점이다. 또 다른 원인은 (주 15)에서 보인 내용이다. 이러한 식별문제의 해결방안은 두 가지로 요약되는데 하나는 식 (3-18)의 함수형태에 제약을 주는 것이다. 그러나 보다 일반적으로 서로 분리된 여러 시장의 자료를 이용한 다중시장자료를 이용하는 것이 식별문제에 대한 해결책이다.

로 공원, 기타 위락시설 등 그 지역 내 다른 지점에서의 환경질 개선에 대한 가계의 선택을 포착하지 못한다. 둘째, 이 방법은 사람들의 구체적인 행동반응에 기초한 것이므로 건강에 미치는 장기적인 효과를 제대로 반영하지 못한다. 셋째, 변수들 간에 다중공선성(multi-collinearity)의 문제가 있을 수 있다. 넷째, 변수들의 누락문제와 동시에 중복 혹은 이중계산의 문제가 병존한다. 즉 집값에 영향을 미친다고 생각하고 있는 다른 변수들, 예컨대 주변에 쓰레기 하치장이 있는가의 여부, 공항과의 근접도 등을 빼고 분석을 진행할 때 분명 적지 않은 편차가 존재할 것이므로 이를 어떻게 통제할 것인가 하는 문제는 대단히 중요하다. 또한 다른 범주에 의해 얻은 추정치를 이 방법에 의해 얻은 편익추정치에 단순히 더할 수도 없는데, 그것은 이중계산(double counting)의 오류를 범할 가능성이 크기 때문이다. 여타의 추정원으로부터 얻은 편익이 중복계산의 문제를 야기하지 않고 특성가격기법에 의해 얻은 추정치에 어느 정도로 더해져야 하는지가 불분명한 현재의 상황도 이 방법의 유효성을 약화시키는 요인인 셈이다. 앞으로의 초점은 위에서 살펴본 여러 가지 문제들을 조금씩 개선시키는 방향으로, 예컨대 여타의 독립변수들과 별반 다중공선성의 문제를 일으키지 않으면서 모형의 설명력을 높일 수 있는-그것은 R^2의 개선으로 나타난다-적절한 변수의 선택, 또 이렇게 해서 구한 편익의 추정치가 현실적으로 어떠한 의미를 가지는지는 그 해석의 세밀화에 맞추어져야 한다.

특성가격기법은 주로 대기질 개선에 대한 편익추정에 많이 사용되어 왔다. 특히 사람이 직접 느낄 수 있는 분진이나, 아황산가스 등의 편익추정에는 잘 적용될 수 있지만 사람이 느낄 수 없는 대기질 요소에 대해서는 적용하기가 용이하지 않다는 연구결과가 나와 있다. 또 주택가격변수를 설정하는 데 있어 시세, 판매가 등 변수 선택에 의해 결과가 예민하여 진다. 따라서 특성가격기법을 적용하는 데 있어서는 독립변수뿐만 아니라 종속변수선택에 있어서도 특히 주의를 기울여야 한다.

4. 회피비용기법

회피비용기법은 비교적 최근에 적용되기 시작한 방법으로 개인들이 환경변화에 따른 악영향의 정도를 줄이거나 교통사고나 소음공해에 대한 노출이나 건강에 미치는 효과를 완화시키기 위하여 지출하는 방어적 지출(defensive expenditure)로부터 개인의 피해감소에 대한 지불의사를 추론한다.

개인이 소비자일 뿐만 아니라 생산자로서의 양면성이 있다는 인식하에 출발하는 가계생산함수모형하에서 환경질과 기술적 관계에 있는 사적 시장재나 시간과 노력을 요하는 회피행동을 결합하여 개인의 효용에 영향을 주는 최종 서비스 유량을 생산하게 된다. 이때 소비자는 사적재의 구입이나 회피행동을 통한 한계회피지출이 환경재 변화에 대한 한계편익과 같아지는 지점까지 조정하게 된다고 보고 이러한 사적재의 수요변화나 위험회피행동의 변화로부터 환경재 변화의 가치를 계산할 수 있다.

교통으로 인한 환경파괴의 결과들은 다양한 형태의 격리에 의하여 개선되어질 수 있다. 예를 들어, 소음으로 인한 피해는 창문을 두 겹으로 함으로써 피해를 줄일 수 있고, 사고로 인한 위험은 교통 시설물에 대한 안전 설계기준의 적용 그리고 차량의 안정성 향상을 통하여 면할 수 있다. 기존의 환경피해 비용을 산출하기 위해서 널리 적용되어진 기법들은 이러한 환경으로 인한 피해를 면하기 위해 사용되는 비용의 방정식이다. 예를 들어, Starkie와 Johnson(1975)[17]은 사람들이 창문을 두 겹으로 만들기 위해 소비하는 비용을 평가하여, 이를 통하여 평화롭고 조용한 생활의 가치를 파악하려고 시도했다. Dickie와 Gerking(1991)[18]

---

17) Starkie, D. N. M. and Johnson, D. M.(1975), The Economic Value of Peace and Quite, London: Saxon House.
18) Dickie, M. and Gerking, S.(1991), "Willingness to pay for ozone control: inferences from the demand for medical care", Journal of Environmental Economics and Management, 21, 1-16.

은 동일한 기본 개념에서 출발하여 공기 정화기의 사용을 이용하여 대기 오염의 감소에 소비되는 비용을 연구하였다.

5. 조건부 가치추정기법

조건부 가치추정기법은 개인이 특정한 환경의 질 개선을 위하여 지불하고자 하는 지불의사액이 얼마인지 또는 환경피해의 경우에는 그 피해를 보상할 수 있는 액수는 얼마인지를 직접 물어봄으로써 알아보는 방법이다.

이때 물어보는 방식은 직접적 설문조사에 의한 것일 수도 있고 실험적 조건에서 가상적인 시장이 존재한다고 가정하고 여러 가지 경우에 반응하도록 설정된 것일 수도 있다. 이러한 가상적인 시장은 해당되는 환경재, 즉 맑아진 공기, 개선된 수질 등만 포함하는 것이 아니고 공급되는 방식 또는 필요재원 조달방법 등을 포함하는 포괄적인 것이다.

조건부 가치추정기법의 장점은 거의 모든 환경정책의 경우에 있어서 적용가능하고 특수한 경우에 있어서는 적용 가능한 유일한 방법론일 수도 있다는 점이다.

조건부 가치추정기법의 목표는 시장이 존재하지 않는 재화에 대하여 시장이 만약 존재하였다면 응답대상자가 그 재화에 부여하였을 가치를 추정하는 것이다. 따라서 가상적 시장, 질문하는 사람, 설문서 그리고 응답자는 실제 시장상황과 가능한 한 흡사하도록 되어야 한다. 또한 응답자는 질의대상재화에 대하여 숙지하고 있어야 한다는 것이 필수적이며 또한 세금, 입장료 등 지불방식에 대해서도 잘 알고 있어야 한다.

조건부 가치추정기법에서 환경개선에 대한 응답자의 최대 지불의사액을 유도해 낼 수 있는 방법론에는 크게 4가지가 존재한다.

－직접설문법 (Direct open-ended question)

　－경매방식(Bidding game)

　－지불카드 방식(Payment card)

　－대안선택법 (Discrete choice)

　직접설문법은 응답자에게 금전적인 단위로 환산된 환경의 가치를 물어보는 방법이며 따라서 가장 직관적이며 명확한 방법이라고 할 수 있다. 그러나 이 방법에 의하면 이러한 직관성과 명확성에도 불구하고 높은 응답률을 기대하기 어려울 뿐만 아니라 응답자를 혼란스럽게 할 우려가 있다. 이는 대부분의 응답자가 환경의 가치를 금전적 단위로 평가해 본 경험이 없기 때문이며 또한 실생활에서 주로 정가에 의존하여 거래를 하는 경우가 대부분이며 여기에서처럼 최대 지불의사액을 산정하는 데에는 익숙해져 있지 않기 때문이다. 이러한 이유로 해서 직접설문법에 의한 응답은 다른 방법에 비해 신뢰도가 높지 않은 것으로 평가된다. 그러나 이 방법은 편의(bias)의 가능성이 높지 않고 조사원, 전화 또는 우편 등 어느 방법으로도 수행될 수 있는 장점이 있다.

　경매방식에 의한 방법은 직접설문법의 단점을 보완하기 위하여 개발되었다. 경매방식에서는 처음에 응답자에게 특정한 액수가 환경개선의 지불의사액(WTP) 또는 환경악화의 보상의사액(WTA)에 대응하는 금액으로서 제시된다. 여기에서 응답자의 반응에 따라 액수가 조절되어 다시 제시되며 이러한 과정을 응답자가 최종적인 지불의사액 또는 보상의사액에 도달될 때까지 계속하게 된다.

　이 방법의 장점은 물론 응답자로 하여금 환경의 가치평가에 대하여 주의 깊게 생각해 볼 수 있는 학습기회와 여유를 제공해 준다는 점이다. 그리고 이 방법은 앞에서 설명된 직접설문법에 비하여 보다 정확한 환경가치 추정이 가능한 것으로 평가받고 있다. 그러나 이 방법의 단점은 응답자가 처음에 제시되는 액수에 의해 응답에 있어서 영향을 받을 수 있고 이는 결국 편의(bias)로 이어질 수도 있다는 점이다.

지불카드방식은 직접설문법의 장점을 살리면서 응답자의 응답률을 향상시키기 위하여 고안되었다. 이 방법에서는 응답자에게 서로 다른 여러 액수가 적혀있는 카드를 제시하고 이중에서 응답자의 지불의사액 또는 보상의사액에 관하여 생각해 볼 수 있는 기회를 준다. 그러나 이 방법 역시 지불카드에 적혀있는 액수의 범위에 의해 편의를 유발시킬 수 있다는 단점이 있다.

마지막으로 대안선택법은 응답자에게 환경개선의 편익에 대응하는 액수를 제시하고 이를 지불할 의사가 있는지의 여부만 선택하도록 하는 방법이다. 따라서 이 방법은 첫 번째 라운드 경매방식과 유사하며 실제 생활에 있어서의 구매 행위와도 유사하다. 이 방법이 비록 응답자의 최대 지불의사액에 관한 단속적인 선택의 결과만 보여줄 뿐이지만 로짓(Logit)이나 프로빗(Probit)모형을 이용하여 응답자의 지불의사액을 산정하는 것이 가능하다. 이러한 개별행태모형은 제시된 액수가 거부될 확률을 그 액수와 다른 여러 가지 설명변수와의 함수관계로서 예측하며 또한 무작위로 추출된 응답자가 특정한 액수를 거부할 확률을 그 액수가 증가함에 따라 나타내는 누적확률분포($F(X)$)를 추정할 수 있다. 이때 지불의사액의 기댓값은 누적확률분포 $(F(X))=1$과 $(F(X))$ 사이의 면적으로 나타내질 수 있다.

이 방법의 장점은 응답자 측면에서 볼 때 자신의 최대 지불의사액을 제시하는 것보다는 단순히 자신의 지불의사액이 주어진 액수보다 높거나 또는 낮거나 여부만을 선택하는 것이 훨씬 더 쉽기 때문에 응답자의 부담을 덜어줄 수 있고 결과적으로 보다 정확한 추정이 가능하다는 점이다. 그리고 이 방법에 의하면 응답자가 자신의 실제 선호도를 나타낼 확률이 더욱 높아진다는 장점 또한 존재하며 모든 조사방법이 적용 가능하기도 하다. 이러한 이유들로 하여 현재 가장 많이 사용되고 있다. 그러나 이 방법은 지불의사액을 정확하게 계산하기 위하여 많은 샘플이 필요하며 또한 응답자가 난해하거나 모호한 질문에 대하여는 긍정적으로 답하는 경향이 있으므로 지불의사액이 과다 추정될 단점 또한 존재한다.

조건부 가치추정기법은 실제 존재하지 않는 가상적 시장을 가정하고 실제가치를 추정하는 것이기 때문에 여러 가지 편의에 의해 영향을 받을 수 있다. 이러한 편의의 원인에는 전략적 응답태도, 설문서 디자인의 문제, 가상적 상황, 운영상의 문제 등을 들 수 있다. 전략적 편의란 응답자가 전략적으로 행동할 경우 자신의 정확한 지불의사를 표시하지 않을 수도 있는 것을 말한다. "무임승차자 문제"는 대표적인 전략적 편의라고 할 수 있다. 무임승차자 문제란 주로 공공재의 공급에 있어서 공공재가 총지불의사액이 총비용을 상회할 경우 공급되고 응답자 개인은 지불의사액에 따라 부담액이 결정된다면 공공재의 특성상 소비의 비배제성으로 인하여 혜택을 받을 수 있을 뿐만 아니라 응답자 자신이 부담을 줄이기 위하여 응답자자신의 실제가치평가보다 적게 표시하고자 하는 동기가 존재하는 것을 말한다.

조사디자인 편의는 여러 가지 원인이 있을 수 있다. 여기에는 기점편의(Starting point bias), 지불수단편의, 정보편의 등이 있다. 여기에는 기점편의란 경매방식의 조사의 경우 처음 제시하는 평가액수에 의해 응답자의 평가가 영향을 받을 수 있음을 의미한다. 지불수단편의란 응답자에게 제시된 지불수단에 따라 응답자의 평가가 영향을 받을 수 있음을 의미한다. 여기서 제시되는 지불수단에 따라 응답자의 평가가 영향을 받을 수 있음을 의미한다. 여기서 제시되는 지불수단에는 세금, 또는 입장료 등이 있을 수 있으며 응답자가 이러한 제시되는 지불수단에 민감하게 반응할 수도 잇다. 정보편의는 조사자 또는 설문서에서 응답자에게 사전에 제시되는 정보에 따라 응답자가 영향을 받는 것을 말한다. 따라서 기점편의도 일종의 정보편의라고 할 수 있다.

가상편의는 가상적 시장상황에서의 선택은 실제상황에서의 선택과는 달리 잘못된 선택에 따른 응답자의 손실이 없기 때문에 응답자가 진지하게 조사에 응하지 않음으로써 생길 수 있는 편의이다. 이 경우는 결과에 있어서 편의라기보다는 신뢰도의 문제를 야기한다고 할 수 있다.

마지막으로 운용상의 편의란 조건부 가치추정기법의 운용상의 조건과 실제 시장상황 간의 차이에서 발생한다. 이러한 편의를 줄이기 위해서는 응답자가 평가대상이 되는 재화에 대해 숙지하고 있을 것이 요구된다.

6. 선호의식기법

선호의식기법은 조사응답자에게 가상적인 시나리오(즉, 각 선택대안의 변수값 제공)를 제공하고 응답자는 주어진 가상적인 시나리오를 바탕으로 선호를 표시하게 하는 일련의 기법을 말한다.

선호의식기법의 역사는 Luce와 Turkey(1964)의 Mathematical psychology and statistics와 Green과 Rao(1971)의 Marketing Reserach를 시발점으로 1970년대 1000회의 상업적인 적용이 있었다.

한편, 영국에서는 1981년에 통행시간, 배차시간, 환승에 대한 화폐적 비용을 추정하기 위해 선호의식기법을 처음 사용되었는데 이때 사용된 데이터의 종류는 ranking 자료가 사용되었다. 1980-1986년은 영국 교통성(Department of Transport)에서 시간가치연구를 함으로써 선호의식기법에 대한 선구자적 연구가 이루어 졌다. 이 연구에서는 SP기법을 이용하여 시간가치를 추정하였고, RP와 SP자료를 이용한 결과와 비교되었으며, 교통성에서는 공식적으로 이러한 SP결과를 받아들였다.

1980년대 후반에는 단지 상대적 가치측정뿐만 아니라 수요예측에 아주 광범위하게 사용되었으며, 1990년대에는 비시장적인 상황에서도 적용되었다. 예를 들면 혼잡통행료나 환경적 가치 등에 RP와 SP자료의 혼합방법이 개발되어 적용되고 있다.

선호의식기법의 데이터의 종류는 선택자료, 비중자료, 순위자료가 있으며, 선택자료는 응답자가 두 가지 이상의 대안들에 대해 선택함으로써 선호를 표시하며, 비중자료는 5 혹은 7 가지로 선호 정도를 구분하고, 단지 선택자료뿐만 아니라 선택된 대안을 어느 정도 선호하는지에 대한 정도도 제공한다. 순위자료는 데이터의 종류에 따라 분석을 위한 모형이 달리 사용되어 지며 각 데이터는 각각 장점과 단점이 내재한다. 비중자료와 순위자료는 선택자료보다 좀 더 많은 정보를 주나 응답의 신뢰성이 문제가 된다. 예를 들어 순위자료의 경우 순위가 낮아지면서 신뢰성이 떨어지는 문제가 발생하고 비중자료인 경우 각 점수에 부여하는 확률값이 자의적이며, 각 점수 간에 등간성이 문제가 된다. 순위자료는 초기에는 많이 사용되어졌으나 요즘은 선택자료를 많이 사용한다.

선호의식기법의 잇점은 대부분 조사가 실험적인 상황에서 행해질 수 있다는 점에서 출발하여 디자인을 통해 변수 간의 비독립적인 문제를 극복할 수 있다. 또한, 변수에 보다 많은 변화와 상쇄관계(trade-off)를 줄 수 있으며, 새로운 대안에 대한 분석이 가능하다. 그리고 한 개인으로부터 여러 개의 자료 획득이 가능하고, 주관적이며 정량적인 변수도 포함 가능하고, 측정오차가 존재하지 않으며, 관심 없는 변수는 생략할 수 있다는 장점이 있다.

그러나 선호의식기법 역시 가상적인 시장을 전제로 하는 것이므로 여러 가지 한계와 문제점을 가지고 있다고 볼 수 있다. 우선, 비집계 모형의 추정에 통상 RP자료가 이용되는 것은 SP자료의 신뢰성에 문제가 있기 때문이다. 즉 가상의 상황이 현실의 것으로 되었다고 하였을 때 정말로 SP조사에 답변한 것처럼 그 사람이 행동하는가 어떤가 하는 신뢰성이다. 이것은 SP자료에서는 편의(bias)가 포함될 가능성이 있다는 것을 의미하지만, 이 원인으로서는 SP조사 시 전적으로 「별로 고민하지 않고 대답하는」 경우와 실제의 행동과는 다른 의사결정과정으로 응답하는 경우이다. 이러한 예로서는 SP조사의 응답을 통해 어떤 교통정책에 영향을 미치려는 경우와 실험자를 좋아하도록 일부러 응답하는 경우도 있다는 것이다. 이러한 편의에 대해서는 SP자료를 이용하는 경우 충분한 검토가 필요하다(교통공학연구회, 1993).

SP자료의 신뢰성(reliability)에는 신빙성(validity)과 안정성(stability)의 측면이 내포되어 있다. 신빙성의 결여는 선호의사 표시와 실제 행동과의 괴리를 의미하며, 통계적으로는 SP자료의 편의에 해당된다. 이 같은 괴리는 선호의사 표시를 행할 때의 의사결정과 실제로 교통환경 시장에서 행동으로 나타내는 것이 다르기 때문이라고 볼 수 있다. 특히 다음과 같은 SP 특유의 오류도 있을 수 있다(Bonsall, 1985; Ortuzar and Willumsen, 1994).

① SP실험에서 제시된 대안의 속성(attributes)모두의 상쇄관계를 응답자가 고려하지 않고, 그 응답자가 가장 중요하다고 생각하는 속성 이외에는 고려하지 않는 경우로 이를 prominence hypothesis 라 한다.

② 응답자가 실제 행동결과를 정당화하는 경우로 이를 justification bias라 한다. 실제 행동으로 나타내는 일종의 관성력(inertia)이라고 볼 수 있다.

③ 응답자가 정책을 조종하여 자신에게 유리한 정책으로 끌고 가고자 하는 경우로 이를 policy-response bias라 한다.

④ 현실의 제약조건을 고려하지 않는 경우이다.

⑤ 속성치가 현실적이지 않고, 응답자가 그것을 곡해하거나 무시하는 경우 등이다.

SP자료의 「안정성」은 질문사항이나 실험조건의 질에 크게 의존하며, 자료에 포함되는 랜덤 에러의 크기로 나타난다. 그리고 SP질문에 대한 응답형식(선택, 비중, 순위법 등)도 SP자료의 신뢰성에 영향을 준다(森

川高行 등, 1992b).[19]

　금기정 등(1992)[20]은 SP조사방법이 피조사자의 주관적 판단에 크게 의존하여 개개인에 의한 개인편차가 크고 그 결과 SP자료에 객관성을 결여한 문제가 발생할 수 있음을 단점으로 들고 있다. 그들은 전환가격과 지불의사 가치 등은 개인의 사회경제적 속성에 따라서 큰 차이가 발생하지 않도록 조건을 현실성을 고려하여 합리적으로 설정하면 편차를 줄일 수 있다고 주장한다.

---

19) 森川高行, 成石典明, Ben-Akiva, Moshe(1992b), 'RP 데이터와 SP데이타를 동시에 이용한 비집계 행동모델의 추정법', 교통공학, 27.3, pp.21-32 참조.
20) 금기정, 山川仁, 신연식(1992), 'SP data에 의한 지방도시의 교통수단 선택요인분석에 관한 연구', 대한교통학회지, 제10권 제3호, p.21-42 참조.

제3장 자동차 소음가치추정에 관한 기존 연구

제1절 외국의 소음피해비용 산정사례 분석

1. 유럽(영국, 독일)의 연구사례

소음피해비용을 계량화하기 위한 기존의 시도는 주로 특성가격기법 (hedonic price application)에 의존하였다. 앞에서 살펴보았듯이 특성가격기법은 환경의 질이나 편의성 같은 비시장적 특성의 가치를 간접적으로 추정하는 방법으로서 자산가치법(property value approach) 이 대표적인 예인데, 이는 주택 등 자산의 가치가 그 자산을 구성하고 있는 여러 가지 특성에 따라 영향을 받는다는 사실로부터 환경질 등 비시장적 가치의 암묵가격을 추정한다. 자산가치방법론은 여러 가지 계량경제학적 방법론을 사용하여 자산가치의 차이가 어느 정도 환경의 질의 차이에 영향을 받는가 하는 점과 또한 사람들이 환경의 질의 개선에 대해 얼마만큼 지불의사가 있는가 하는 점들을 파악하는 데 주로 사용된다.

소음에 대한 초기 연구가 Nelson(1980)[21]에 의해 수행되었는데 그는 미국, 영국, 호주, 그리고 캐나다에 있는 도시를 대상으로 소음 1 데시벨(dB) 증가에 대해 예상되는 자산가치의 감소율을 특성가격기법에 의해 추정하였는데, 그 결과 각 국가의 도시별로 0.40%~1.10%의 범위로 평균 0.62%의 자산감소를 나타내었으며, Nelson에 의해 수행

---

21) Nelson, J. P., "Airports and Property Value: A Survey of Recent Evidence". Journal of Transport Economics and Policy, 14(January 1980), pp.37-52.

된 6개의 또 다른 연구에서도 평균 0.5% 자산감소가 되는 것으로 추정했다.

Collins와 Evans(1994)는 맨체스트 공항으로 인해 발생되는 소음영향분석에서 Stockport에 있는 주택가격에 상당히 높은 영향을 미친다는 연구결과를 도출하였다. 즉 그들은 특정 주택유형에 대한 주택가격변화를 예측하였는데, 즉 조용한 구역에 있는 semi-detached 주택의 재산가치 22,255파운드가 가장 시끄러운 구역에서 21,293파운드의 가치를 가짐으로써 소음 1데시벨(dB) 증가가 주택가격 0.74%를 하락시킨다고 하였다.

또한, 소음피해비용을 계량화하기 위한 또 다른 시도로 조건부 가치측정법과 결합분석은 모두 선호의식기법을 이용한 연구를 통해 수행되어 왔다. 회피비용 계산에 의해서도 연구가 수행되어 왔으나 이 수법은 환경적 가치에는 적절하지 않다. 왜냐하면 소음을 줄이기 위한 비용은 그러한 지출이 정당화되는지 어떤지 우리에게 아무것도 말해주지 않기 때문이다.

주택임대료에 미치는 소음영향에 대해 Soguel[22](1994)는 스위스 노체텔이라는 도시에서 임대료를 이용한 특성가격기법에 의하여 연구를 수행하였다. 그는 소음 1데시벨(dB) 증가가 임대료를 평균 0.91% 하락시킨다는 임대료와 소음 간의 유의관계를 보여주었다. 스위스에서의 또 다른 연구도 비슷한 수준을 보이고 있다. 즉, Iten(1990)은 쮜리히를 대상으로 0.9% 하락을, Pommerehne(1987)은 Bale이라는 도시를 대상으로 1.26% 하락을 발견했다. 소음수준과 소득 간에 추정된 매달 한계지불의사액은 다음 〈표 3-1〉에 있고, 그 수치는 1993년 파운드 가격으로 환산시켰다.

---

22) Soguel, N(1994) 'Measuring Benefits from Traffic Noise Reduction Using a Contingent Market', CSERGE WP GEC94-03, University College London and University of East Anglia.

<표 3-1> 소음수준과 소득 간의 데시벨(dB)당 매달 지불의사액

소 득 (파운드/월)	소음수준(dB)							
	45	50	55	60	65	70	75	80
770파운드	1.51	1.52	1.54	1.56	1.58	1.59	1.60	1.62
1,540파운드	1.82	1.85	1.87	1.89	1.91	1.92	1.94	1.96
2,310파운드	2.04	2.07	2.09	2.11	2.13	2.15	2.17	2.19
3,080파운드	2.21	2.24	2.26	2.29	2.31	2.33	2.35	2.37

출처: Robert Tinch, The Valuation of Environmental Externalities, U.K DOT, 1995. 4.

위의 표는 지불용의가격이 소득에 따라 상당히 변하는 것을 보여주고 있는데 이는 빈곤한 지역일수록 소음변화에 대한 가치가 보다 적어진다는 것을 암시하고 있다. 따라서 이러한 결과를 직접 사용하는 것은 분배적 입장에서는 바람직하지 않을지도 모른다. 그래서 영국 평균소득을 기반으로 모든 개인에게 단일의 가격을 사용함으로써 이러한 어려움을 피하기도 하고 적용능력을 증가시킨다.

영국은 평균소득과 함께 Soguel에 의해 도출된 방정식을 사용함으로써 매달 1.77파운드의 수치가 소음 1데시벨(dB)의 개선에 대한 지불용의가격으로 도출되었으며, 연간으로 계산하면 21.24파운드가 된다.

특성가격기법에 대한 대안적 접근법으로 선호의식기법을 사용한 것이 있다. 노르웨이는 결합분석으로부터 소음 1데시벨(dB) 감소를 위해 매년 가구당 15파운드~26.50파운드의 범위가 도출되었다. 이것은 스위스 연구에서 도출된 21.24파운드와 비슷하다.

소음비용추정값을 나타내는 가장 믿을 만한 방법은 연간 1인당 1데시벨에 몇 파운드로 나타내는 것이다. 스위스와 노르웨이 연구결과를 통해 가구당 인구를 2~2.7명을 가정할 때 1데시벨(dB) 개선에 대한 연간 평균 지불용의가격은 5.50~10.0파운드 범위를 가지고 있기 때문에 7.75파운드가 최상의 추정치가 된다.

비록 결과들이 한계비용의 개념으로 표현될 때 가장 정확하다 하더라도 영국에서의 총소음비용을 추정할 때에도 그러한 결과를 사용할 수 있다. 서로 상이한 소음수준에 노출되어 있는 사람 수에 대한 자료를 이용하여, 50 데시벨(dB) 이하의 소음은 그다지 중요한 비용으로 보지 않는다고 가정해도 영국에서의 추정된 연간 소음비용은 21억 7천~39억 5천 파운드이며, 이것은 국내총생산(GDP)의 0.36%~0.66% 수준이다.

1992년 독일의 도로 경제 평가의 지침 (□□RAS-W□□)에서는 주민 1인당의 1dB(A)의 피해액을 14.5마르크라는 값을 이용하고 있다.

<표 3-2> 유럽의 소음가치에 대한 연구결과

연구자	추정기법	대상지역	특 징	범위 및 추정치 표현	외부효과
Nelson (1980)	특성가격기법	미국, 영국, 호주, 그리고 캐나다에 있는 도시		0.40%~1.10%	0.62%
Nelson (1982)	특성가격기법	6개의 또 다른 연구			0.5%
Collins & Evans (1994)	특성가격기법	맨체스터 공항	특정주택 유형, 조용한 구역과 소음이 심한구역 구분		0.74%
Soguel (1994)	특성가격기법	스위스 노체텔	임대료		0.91%
Iten (1990)	조건부 가치측정법	스위스 취리히			0.9%
Pomme rehne (1987)	조건부 가치측정법	스위스 Bale			1.26%
	선호의식기법	스위스	지불의사액	매달 연간	1.77파운드 21.24파운드

2. 일본의 연구사례

소음의 외부효과를 계측한 일본의 실증연구를 살펴보자.

森彬 외 2인(1980)[23]은 오사카 국제공항 주변의 항공기에 의한 소음이 어느 정도 주택가격에 영향을 주는지를 일대비교(一對比較)에 의한 조건부 가치측정법에 의해 계측하고 있다. 그러나 항공기 소음과 일반적으로 계측되고 있는 환경소음과는 계측방법이 약간 다르다고 하는 점에 대해서는 고려하지 않았다. 또한 조건부 가치측정법을 사용하고 있기 때문에 응답자의 자의성 문제가 남아 있었다.

또한 內山(1983)[24]은 표본이 작을 뿐만 아니라 편중되어 모델이 단순하다고 하는 문제점을 내포하고 있다는 것과 도로소음의 사회적 비용을 주택가치, 환경대책비용 및 재판사례에 의한 위자료로부터 계측하였다. 주택가치에 대해서는 소음영향권 밖의 지역에 대한 지가함수를 추정하고 간선도로 주변의 소음영향이 있는 지역의 소음을 측정하여 소음이 있는(with) 지역과 없는(without) 지역을 비교하는 것에 의해 소음의 외부효과를 계측하고 있다. 그러나 근린공해라고 불리우는 소음의 발생원을 간선도로(국도 246호)로 특정하고 게다가 소음이 있는(with) 지역만을 대상으로 하였다. 환경대책비용에 대해서는 과잉투자라고 말하는 것도 고려된다고 하는 결점을 지니고 있다. 게다가 재판사례에 의한 방법에 대해서는 위자료가 소음평가의 항목이 된다는 것과 위자료 자체가 원고 및 피고의 최적 합의가격은 아닌 경우가 많다는 것에 의해 데이터의 신뢰성이 의문시된다. 그러나 소음의 외부효과 계측결과는 소음 1데시벨(dB) 상승이 1평방미터당 1,284엔

---

23) 森彬壽芳, 宮武信春, 吉田哲夫(1980), 소음의 사회적 비용의 측정방법에 관한 연구, 토목학회논문집, 302, pp.113-123.
24) 內山久雄(1983) 도로소음의 경제적 평가의 시산, 고속도로와 자동차, 26(12), 20-29.

의 하락을 가져오는 것으로 분석되었다.

岩田, 殘田(1985)[25]은 특성가격기법을 이용하여 오사카 국제공항 주변의 소음에 의한 사회적 비용 계측을 시도하였다. 그러나 이 연구에서는 소음량을 소음폭로지역과 그 이외지역이라고 하는 것처럼 2개로 분할해서 논의하는 것이 문제가 된다.

그 밖에 소음을 특성가격기법으로 피해액을 추정한 연구로서 淸水, 肥田野(1988)[26] 등에 의한 맨션(중고층주택)의 시장가격을 대상으로 한 분석이 있다. 그러나 연구대상이 맨션(중고층주택)이기 때문에 지가의 환산이 문제가 된다.

山崎(1991)[27]는 환상 7호선 도로변 지역을 대상으로 특성가격기법을 이용하여 주로 자동차 소음가격을 추정하여 소음경감을 위한 시설에 얼마까지 돈을 사용할 수 있는지를 계산하고 있다. 그러나 분석에 이용된 데이터를 보면 소음을 실측한 지점과 소음을 추측한 지점이 내재되고 있고 공학적인 의미에서의 데이터 신뢰성에 결함이 있다. 山崎의 연구는 동경의 순환 7호선 주변 도로의 제1종 주택전용지역을 대상으로 해서 도로소음 1데시벨의 저하가 지가에 미치는 영향을 0.77%로 추정하였는데, 이 값은 양측 대수형의 지가에 관한 회귀식에 의해서 소음에 관련하는 계수의 추정치가 -0.42였다는 것에 기초하고 있다. 즉, 순환 7호선 주변 도로에 있어서의 1%의 변화는 지가를 0.42% 정도 변화시키는 것으로 나타났다.

또한 矢澤・金本(1992)[28]은 가와사키시를 대상으로 특성가격기법

---

25) 岩田, 殘田(1985), 교통소음의 사회적 비용 계측 — 오사카국제공항을 사례로, 환경연구 55. p.124-132.
26) 淸水, 肥田野 등 2인(1988), 자산가치분석에 의한 중고층주택의 주거환경 평가수법에 관한 연구, 도시계획학술연구논문집, 23, p.253-258.
27) 山崎(1991), 자동차 소음에 의한 외부효과의 계측, 환경과학회지, 4, p.251-264.
28) 矢澤・金本(1992), 헤도닉어프로치에 있어서의 변수선택, 환경과학회지, 40(6), p.388-396.

으로 환경질을 변수로 하여 지가함수를 추정하고 있는데, 본래 지점정보로서 취급되어 질 수 있는 영향범위가 좁은 소음이나 대기오염에 대해서 죤 단위라고 하는 지도정보에서 분석하고 있다는 것이 문제가 된다.

肥田野・林山(1996)[29]는 앞에서 살펴본 기존 연구의 문제점 지적과 함께 연구 전개방법을 다음과 같이 제시하였다.

즉 기존의 연구에는 진동에 관한 연구가 보이지 않고 소음에 의한 외부효과의 계측에 관한 연구에 한정되어 있다는 점, 그리고 森彬 외 2인(1980)[30] 欠野(1984)[31] 및 林順郊 외 3인(1988)[32]에 의한 설문조사에 의한 분석과 토지시장에 착안한 분석으로 대별할 수 있는데 전자에 대해서는 설문의 회답 자체가 자의성을 포함하고 있다는 문제점을 갖고 있으며, 한편 후자에 속한 연구의 대부분은 3가지 문제 즉 첫째는 자산가치 데이터의 문제(시장가격 데이터는 없다는 점)이고, 둘째는 소음 및 진동의 측정의 문제(죤 평균 데이터 등을 사용하고 있다는 점)이며, 셋째는 첫째와 둘째 데이터 지점 간의 일치성(개별 자산가치 데이터와 죤 평균 소음측정치가 일치하지 않는다) 문제를 지니고 있다고 보았다. 따라서 그들은 소음 및 진동의 외부효과를 계측할 때 첫 번째로 자산가치 데이터로서 시장가격을 이용하고, 두 번째로 자산가치 데이터 지점에서 소음과 진동을 실제로 계측하여 지점의 일치성을 보완하였다. 그들의 연구결과는 지가가 75만 엔/평방미터의 토지에 대해서 소음이 60데시벨(dB)에서 1데시벨 증가한 경우의 외부효과는 약 5,300 엔/평방미터로 시산되었으며, 또한 50만 엔/평방미터 토지와 100만 엔/

---

29) 肥田野・林山(1996), 도시 내 교통이 갖는 소음 및 진동의 외부효과의 화폐계측, 환경과학회지, 9(3), p.401-409.

30) 森彬壽芳, 宮武信春, 吉田哲夫(1980), 소음의 사회적 비용의 측정방법에 관한 연구, 토목학회논문집, 302, pp.113-123.

31) 欠野(1984), 나고야시역에 대한 주거의 환경소음폭로량에 관한 연구, 일본음향학회지, 40(6), pp.388-396.

32) 林順郊, 欠野, 三品, 池谷(1988), 주거환경소음과 주민의식, 소음제어, 12(6), pp.37-40.

평방미터 토지에 대해 민감도 분석을 한 결과 소음 1데시벨 증가에 따른 외부효과(사회적 비용)가 토지가격이 높은 쪽이 낮은 쪽보다 더 민감도 높은 것으로 나타났다.

3. 미주의 연구사례

과거 1970년대부터 소음공해로 인해 자산가치가 얼마나 영향을 받는지 추정된 연구가 있었는데, Apogee Research(1994)[33]에 의하면 Meyer and Gomez-Ibanez는 전형적인 도시부에서의 후방소음(background noise)이 55Ldn이고 주택가격은 Ldn 단위 증가당 0.2~0.6% 감소하는 것으로 추정했다.

1982년 연방비용배분연구(Federal Cost Allocation Study)에서 수행된 주요 소음비용연구가 Iowa대학 도시 및 지역연구소에서 근무하고 있는 Hokanson 박사 등에 의해 연구되었는데 소음의 화폐적 가치를 추정하는 데 있어서 Hokanson 박사팀은 Nelson(1978)에 의해 연구된 자산가치에서의 소음의 효과 추정치를 인용하여 임계값 55dBA를 넘어서게 되면 매 dBA(Leq) 증가 시 0.4%씩 주택가격이 감소하는 것으로 추정하였다.

1989년 Pearce, *et al.*[34]은 도로소음이 1데시벨 크게 되면 주택의 자산가치가 0.5% 내린다라는 것을 알아냈다. 넬슨(1982), 모드라와 벤넷(1985)에 의한 주택가격의 특성가격모형으로부터 도로와 공항에 의한 소음의 피해를 밝혀낸 실증적 연구에서는 소음악화지수(NDI)와 주위의 소음에 대하여 dB(A)당 주택가격의 감소비율을 사용하여

---

33) Apogee Research, Inc. The Cost of Transportation Final Report. Conservation Law Foundation, Bethesda, Md., 1994.
34) David W. Pearce and Anil Markandya, Blueprint for a green economy, 1989. p.192.

도로소음의 평균비용(AChn, $/vkt)을 자가용 재차인원 1.5인과 시간당 6,000대 차량을 적용하여 $0.0045/pkt(passenger kilometer traveled)로 환산하였다.

INRAS/IWW(1995)는 유럽으로부터의 소음측정치를 자동차의 경우 $0.0058/pkt, 버스인 경우 $0.0054/pkt, 트럭의 경우 $0.0163/tkt(ton kilometer traveled)를 제시하고 있다.

자동차의 경우 밀러와 모펫(1993)은 1990년 US달러로 $0.0008/pkt에서 $0.0013/pkt의 범위를 제시하였으며, 버스의 경우에는 그들이 $0.0003/pkt를 받아들일 수 있는 값으로 여기고 있다.

Kageson(1993)은 소음이라는 단일 환경요소에 초점을 맞추고 특성가격기법에 의해 주택가격에서 항공기 소음의 효과를 추정했는데, 소음 1dB(A)에 대해 0.5%의 주택가격 하락이라는 일반적 추세를 도출하였다.

Mieszkowski와 Saper(1978)는 토론토 국제공항 주변의 주택거래자료('69-73)를 기초로 하여 항공기 소음으로 인한 주택가격 하락을 분석하였다. 이들은 공항소음으로 인하여 공항 인근의 주택가격이 적게는 11%에서 18%까지 하락하는 것으로 분석하였다.

아마도 도시지역에서 교통문제와 연관되는 환경비용 중 가장 큰 부분은 평화로움과 조용함의 손실일 것이다. 이러한 교통과 연관된 소음피해는 기존의 방법에 의하여 물리적인 측정이 가능하고, 주택시장에 대한 특성가격기법을 이용하여 화폐가치를 부여할 수 있다.(e.g. Alexandre et al, 1980) 미국에서의 교통소음으로 인한 피해의 조사결과를 보면, 0.08에서 0.88%의 범위에서 Leq 한 단위 변화당 주택가격이 변화한다고 밝히고 있다. 스위스나 캐나다의 경우에는 좀 더 높은 수치가 나타난 것으로 알려져 있다. 비행기에 소음에 대한 결과 역시 비슷했다.

특성가격기법을 이용하여 소음피해에 대한 화폐가치(Global money

value)를 부여하는 시도는 몇 차례 있었다.: Pearce and et al (1989)는 0.4%의 하락률을 이용하여 단지 교통소음으로 인해 연간 10-20억 프랑이 필요하다고 산정했으며, 노르웨이의 Ringheim (1983)은 GDP의 0.6%의 가치손실(loss of property value)을 평가했고, Wicke(1986)은 모든 소음요인으로 인하여 GDP의 1.9%의 집가격의 하락(total house depreciation)을 예측했고 교통소음만을 고려할 때는 단지 1% 정도의 하락이 있음을 예측했다.

<표 3-3> 집가격에 미치는 소음의 영향(% of house price)

위　치	한 단위의 영향으로 인한 Leq 변화
미　국	
노스 버지니아	0.15
타이드 워터	0.14
노스 스프링필드	0.18 - 0.50
타우선	0.54
워싱턴	0.88
킹스게이트	0.48
노스킹컨추리	0.30
스포케인	0.08
시카고	0.65
캐나다	
토론토	1.05
스위스	
베이슬	1.26

Note: Equivalent continuos sound level(Leq) equals a level of constant sound (in dB(A)s) which would have the same sound energy over a given　period as the measured fluctuating sound under consideration

출처: Anil Markandya; David W. Pearce, Blueprint for a green economy, 1989. p.192

4. 기타 사회적 비용 연구에서의 소음연구 분석결과

FHWA(1982)는 도로등급별 소음발생비용을 추정하여 FHWA 도로투자비를 효율적으로 배분하고, 도로사용자의 실제적인 비용을 추정하여 보다 공평한 요금을 제시하고, 교통과 다른 인자에 따라 도로파손의 장기적인 모니터링의 필요성에 대한 평가를 위해 연구하였다. 소음항목은 차량운행거리(VMT)를 기준으로 하는 화폐단위로 산출하였다.

Kanafani(1993)는 도로사업의 사회적 비용을 연구함에 있어 자동차 소음에 관련하여, 비용 추정결과 '93년 기준으로 미국의 소음에 대한 사회적 비용은 \$13억-\$26억으로 GDP의 0.14-0.36%에 이른다는 결과를 도출했다.

Fuller et al(1983)은 정부의 합리적인 예산배분을 위한 기초자료로 활용하기 위해 소음의 비용을 1976-1979년 자료를 활용하여 1985년까지 예측하였다. 소음비용을 산출하기 위해 거주지내의 소음·노출정도를 3가지로 분류하였는데, 55-65dBA(비교적 양호한 지역), 65-75dBA(소음·노출지역), 75dBA 이상(소음 심각지역)으로 분리하여 각각의 비용을 산출하였다.

제2절 외국사례의 시사점

지금까지 살펴본 외국의 사례는 주로 주택가격 결정모형을 통해 주택가격[35] 속에서 주택이 가지고 있는 소음특성의 특성가격을 찾으려

---

35) 상품을 구입하는 소비자는 상품 그 자체보다는 상품이 주는 효용을 구입한다. 주택 역시 주택 그 자체보다는 주택이 주는 서비스를 보고 구입한다. 주택가격은 이런 서비스의 정도에 따라 결정된다. 그런데 주택은 이질성이라

는 접근이 주를 이루고 있다. 이 방법은 기존의 주택수요를 다루는 방법을 응용하는 것으로 다중회귀분석의 특성가격기법이 사용된다.

일반적으로는 특성가격기법을 적용하기 위해서는 주택가격에 영향을 미치는 수많은 요인에 대해 자료를 조사하여야 한다. 주택은 크게 주택특성(평수, 경과연수), 주택단지 특성(도심과의 거리), 지역특성(대기오염, 소음, 자연경관) 등으로 그 가치를 평가할 수 있다. 주택의 선택은 이러한 다양한 선택을 고려하는 과정을 수반하게 된다. 따라서 주택가격에 영향을 미치는 다양한 특성 중 보다 선호도가 높은 특성이 주택가격에 많은 영향을 미치게 되는 것이다.

주택서비스는 그 서비스를 필요로 하는 소비자들의 소비형태, 소비자 선호 등에 따라 달라질 수 있기 때문에 주택수요의 분석이 매우 중요하다. 비록 주택의 수요를 분석함에 있어 몇 가지 어려움이 있지만 주택가격과 주택가격을 형성하는 요인 간의 관계를 파악할 수 있다면 각 요인들이 주택가격에 미치는 영향의 정도를 알 수 있으며, 또한 각 요인에 지불된 가격이 갖는 특성을 해석하고 평가할 수 있다.

따라서 외국의 소음영향과 자산가치의 하락에 대한 연구를 토대로 할 때 소음이라는 단일 환경요소에 초점을 맞추고 주택가격 차이를 분석을 통한 자동차 소음가치화를 본 연구를 통해 우리나라에 적용할 수 있다.

물론 특성가격기법에 의하는 것이 바람직하나 선호의식기법의 어려움으로 인해 현시선호자료로 특성가격기법을 약간 변형시켜 적용해 볼 수 있다.

는 특성이 있어 원하는 종류의 서비스를 원하는 만큼만 구입하는 것이 아니라 다양한 서비스가 하나의 묶음으로 구성된 주택의 한 단위를 구입하는 것이다. 따라서 주택가격은 각각의 서비스의 총합으로 볼 수 있으며, 각각의 서비스에 대한 가격은 별도로 거래될 수 없다.

제4장 자료수집 및 특성분석

제1절 분석방법 정립

1. 소음의 정의와 특성

오늘날 과학문명과 산업이 발달하고 경제성장이 급진함에 따라 그 부산물로서 생활환경을 저해하는 공해가 발생하고 있다. 공해로는 공기, 수질오염 등과 같이 우리 인체에 직접적인 영향을 미치는 것이 있는가 하면 소음과 같이 인체에 직접적인 영향을 미치지 않는 것이 있다. 따라서 소음에 대한 중요성이 자칫 소홀하게 되기 쉬우나 소음은 장기적으로 정신건강, 청력, 능력 등에 보이지 않으면서 크게 영향을 미치고 심지어 정신질환 등을 유발할 가능성이 있다.

소음이란 사람이 원하지 않는 음으로서 음성·음악 등의 전달을 방해하거나 귀에 고통·상해를 주는 바람직하지 못한 음의 총칭이라 정의할 수 있다. 물론 소음에는 공기전파음과 고체전파음이 있는데 자동차 소음과 같이 실외에서 창·외벽 등을 투과하여 들어온 소음은 공기전파음의 하나로 볼 수 있다.

소음원은 크게 외부 소음원과 내부 소음원으로 구분할 수 있으며, 자동차 등 교통수단의 주행음·경적, 항공기 소음, 등은 외부 소음원으로 볼 수 있다. 교통수단별 소음수준은 측정거리 10m기준으로 볼 때 대략 70-100dB이며 기차 경적이 85~100dB이고, 지하철이 83~90dB, 트럭이 77~87dB, 오토바이가 73~83dB, 버스 78~82dB, 택시 70~80dB 순이다.

소음에는 두 가지 특성이 있는데 고주파와 저주파가 그것이다. 고속도로의 경우 방음벽도 높고(물론 재질도 간선도로와는 다름) 소음이 단파로서 수직으로 치솟아 고층에 영향을 미치는 특성(FM)을 보이며 타이어음이 주로 들리며 고주파(MHz)인 반면, 간선도로의 경우 대개 방음벽이 낮게 설치되어 있고 소음이 장파로서 낮게 깔려 저층에 영향을 미치는 특성(AM)을 보이며 엔진(머플러)음이 주로 들리고 저주파(KHz)이다.

이러한 특성을 감안하여 도로유형별로 방음벽 유무를 고려하여 아파트 층수별로 소음을 측정하여 소음측정지점을 선정해야 하며, 실제 도로유형별로 도로변에서 거리가 멀어질수록 어떠한 소음이 들리는지도 계측해야 할 것이다.

자동차 머플러의 설계원리를 보더라도 엔진에서 발생하는 소음을 줄여서 외부로 방출하기 위해 지그재그 형식으로 되어 있음을 알 수 있고, 고속도로와 간선도로변의 방음벽도 어떤 재질, 어떤 형상을 취하고 있는지 살펴보는 것도 중요하다.

2. 소음의 크기와 영향

소음은 일반적으로 원치 않는 소리로 정의되며, 측정단위는 데시벨(dB)이다. Starkie and Johnson(1975)[36]에 의하면,

$$dB = 10\log10(P^2/P_{ref}) \tag{4-1}$$

여기서, P는 평방미터당 뉴턴의 압력이고, P_{ref}는 가장 작게 들을 수 있는 소리인 $0.00002Nm^{-2}$이다.

---

36) Starkie, D. N. M. and Johnson, D. M.(1975), The Economic Value of Peace and Quite, London: Saxon House/Lexington Books.

소리의 빈도는 초당 사이클(hertz)로 측정되고, 20-16000Hz의 범위가 인간의 귀로 들을 수 있는 범위이며, 일반적으로 소리측정은 얼마나 시끄러운 것으로 여겨지는가를 반영하기 위해 가중치가 부여된다. 가장 보편적인 가중치는 A스케일, dB(A)로 주어지는데 동일한 시끄러움을 주는 다양한 빈도에서의 소리에 의해 가중치가 부여되는 데시벨의 수이다.

소음비용연구를 수행할 때 시간이 흐름에 따라 달리 변하는 소리는 효과적인 인지된 소음수준을 주기 위하여 평균화되어야 하며, 소리는 특정 시기를 넘어 dB(A)에서 측정되는 소음수준의 평균등가의 연속적인 에너지이다. 나아가 소음은 소음노출예측(Noise Exposure Forecast)과 같은 지표로 바뀌어져 도로의 경우 다음과 같이 정의될 수 있다.

$$NEF = Lepn + 10\log 10N - 88 \tag{4-2}$$

여기서, Lepn은 dB(A)로 측정되는 효과적으로 인지되는 소음수준이고, N은 사건의 수(예를 들면 시간당 차량 수)가 된다.

도로의 경우 개별 차량에 관련된 소음측정보다는 오히려 소음이 일반적으로 전체 차량의 흐름과 관련되어 있으며, 측정된 기본 소음수준은 L10으로 그 시간의 10%를 초과한 소음량을 가리킨다(UK DOT 1988). 1시간 기본 소음수준은 식(4-3)과 같고, 평균통행속도와 중차량 수(Cpv)로 추가적인 보정을 하고, 도로변으로부터의 거리(Cd)를 조정한 것은 식 (4-4), (4-5)와 같다.

$$L10 = 42.2 + 10\log Qh \ dB(A) \tag{4-3}$$

$$Cpv = 33\log 10(V + 40 + 500/V) + \log 10(1 + 5Phv/V) - 68.8 dB(A) \tag{4-4}$$

$$Cd = -10\log10(d/13.5)dB(A) \qquad (4\text{-}5)$$

여기서 V는 1시간 킬로당 평균통행속도이고, Phv는 중차량 비중이고, Qh는 시간당 교통량이고, d는 효과적인 원천으로부터의 최단 경사거리(m)이다.

일상생활에서 보통 우리는 30 내지 40데시벨에서 최고 80 내지 90데시벨 또는 그 이상의 소음에 노출되어 있다.

소음이 우리에게 미치는 영향은 짜증유발, 행동변화, 스트레스로부터 청력손실과 신체적 반응을 비롯하여 아주 다양하며, 서로 연관되어 있는 수도 있다. 〈그림 4-1〉은 데시벨로 나타낸 여러 가지 소음의 예를 보여주고 있다.

소음의 영향은 생리적 영향, 수면장애, 청각손실, 의사소통 및 지능에의 영향으로 나누어 설명할 수 있다.

① 생리적 영향

과거에는 인체가 소음수준에 적응한다고 생각되었으나 최근의 연구결과에 의하면 그 반대되는 것이 밝혀졌다. 지속적 소음에의 노출이 스트레스로 작용하여 여러 가지 질병, 특히, 순환기와 소화기 질병을 유발시킬 수도 있는 것으로 밝혀졌다.

② 수면장애

수면은 육체적 또는 정신적 피로를 회복시키는 매우 중요한 역할을 한다. 수면은 또한 우리 몸의 신진대사를 원활히 할 수 있도록 지켜준다. 소음으로 인한 만성적인 수면장애는 여러 가지 건강문제를 야기시킬 수 있으며, 이는 특히 노약자의 경우 두드러지게 나타날 수 있다.

③ 청각손실

75-80dB(A) 이상의 소음에 노출되었을 경우 일시적으로 청각장애가 초래될 수도 있다. 이러한 소음에 장기간 노출되었을 경우에는 번잡한 거리에서 일해야만 되는 경우에 직업성 청각손실이 발생할 수도 있다.

④ 의사소통 및 지능에의 장애

음향으로 인한 여러 가지 정보 즉 대화, 라디오, TV 등에 의한 정보전달이 소음으로 인하여 방해받게 된다면 궁극적으로 지능발달에도 영향을 주게 된다. 이는 특히 학령기 아동의 교육과 정서발달에 매우 큰 영향을 미치며, 소음회피행동으로 인해 행동의 제약도 초래할 수 있다.

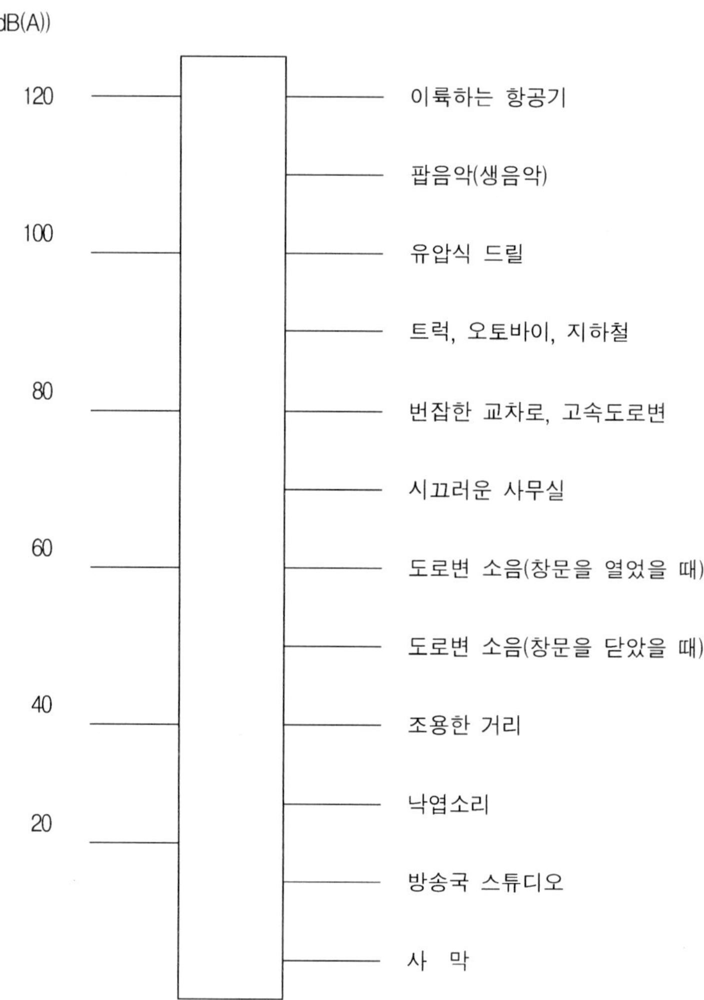

<그림 4-1> 데시벨로 나타낸 여러 가지 소음

자료: OECD, Transport and Environment, 1988.

3. 소음발생예측모형에 따른 교통특성과 소음과의 상관관계

일반적으로 선진 외국에서는 교통흐름에 대한 소음유발을 측정하기 위해 소음예측모형을 1960년대 후반에 처음 개발하여 환경여건과 환경법에서 정하고 있는 규정(법)들을 비교·평가하는 데 활용되었다.

이러한 소음예측모형은 차량과 교통특성(주행속도, 교통량, 차종별 소음유발량, 관찰자로부터의 거리)에 의존한 기초 알고리즘을 통합한 것이다. 대표적인 소음예측모형인 General Traffic Noise Model은 소음예측방법론에 두 가지 추가요구사항을 제시하고 있는데 첫째는 소음저감계획과 평가이고 둘째는 소음수준에 영향을 미치는 지형특성을 추가로 요구하고 있다. 현재는 FHWA의 STAMINA/OPTIMA 모형이 도로소음과 소음 방음벽 설계에 사용되고 있다.

<표 4-1> 도로와 항공부문의 대표적인 소음예측모형

FHWA의 STAMINA 2.0 /OPTIMA Model	FAA의 INM(Integrated Noise Model)
sponsored NCHRP, FHWA two-level coordinate system(based program) energy-equivalent sound level	a coordinate system 표준항공특성 database Output: a grid contour map

우리나라의 경우 1983년에 환경영향평가를 위해 환경처에서 만든 소음예측 모형식은 통과교통량, 거리, 속도, 대형차 구성비에 따른 소음발생 관계식을 정립하고 있다.

부여조건을 살펴보면 소형차와 대형차 각각의 경우 교통량(N)과 속도(V), 그리고 거리(r)로 식(4-6), 식(4-7)과 같은 소음예측모형을 만

들어 그것을 토대로 합성음을 예측하는 모형식은 식(4-8)과 같이 작성
하였다.

$$-\text{소형차의 경우:}\ L_p = 45 + 10*\log(N/r) + 30*\log(V/50) \qquad (4\text{-}6)$$
$$-\text{대형차의 경우:}\ L_b = 53 + 10*\log(N/r) + 30*\log(V/50) \qquad (4\text{-}7)$$
$$-\text{합성음:}\ L = 10\log(10^{L_p/10} + 10^{L_b/10}) \qquad\qquad (4\text{-}8)$$

이때 적용식의 부여조건은 ① 자유음장상태, ② 차선은 무시함, ③
거리는 중심차선으로부터 산정한 것으로 되어 있다.

<표 4-2> 적용식과 부여 조건

적 용 식	소형차의 경우	$L_p = 45 + 10*\log(N/r) + 30*\log(V/50)$
	대형차의 경우	$L_b = 53 + 10*\log(N/r) + 30*\log(V/50)$
	합 성 음	$L = 10\log(10L_p/10 + 10L_b/10)$
적용식의 부여조건	① 자유음장상태, ② 차선은 무시함, ③ 거리는 중심차선에서 산정	

출처: 환경처, 환경영향평가, 환경영향평가자료집 제9권, 1983. 4, pp.193 참조.

이러한 모형식을 바탕으로 통과교통량, 속도, 대형차구성비에 따른
거리대별 소음발생량을 예측한 도표가 〈그림 4-2〉~〈그림4-4〉에 나타
나 있다.

첫째, 통과교통량에 따른 거리대별 소음발생량은 거리, 속도, 대형
차 구성비를 고정하고 예측한 것으로 통과 교통량이 늘수록 소음발생
량은 증가하고 통과교통량이 적을수록 소음발생량은 감소하는데 거리

대별(10, 20, 30m)로 볼 때 소음원으로부터 거리가 멀어질수록 같은
추세로 감소하고 있는 것을 볼 수 있다.

<그림 4-2> 교통량과 소음과의 관계

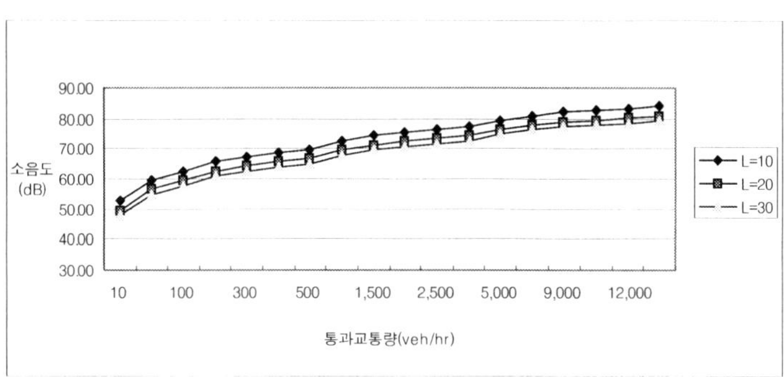

   둘째, 통행속도에 따른 거리대별 소음발생량 거리, 교통량, 대형차
구성비를 고정하고 예측한 것으로 속도가 증가할수록 소음발생량은 증
가하고 속도가 감소할수록 소음발생량은 감소하는데 거리대별(10,
20, 30m)로 볼 때 소음원으로부터 거리가 멀어질수록 같은 추세로
감소하고 있는 것을 볼 수 있다.

<그림 4-3> 통행속도와 소음과의 관계

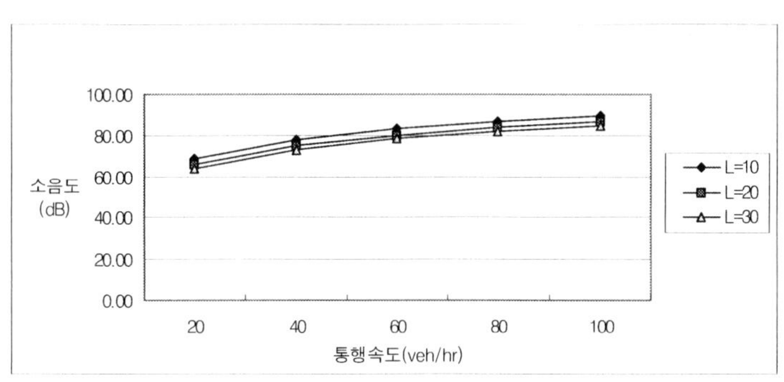

셋째, 도로상에서 대형차구성비에 따른 거리대별 소음발생량 거리, 통과교통량, 속도를 고정하고 예측한 것으로 통과 대형차 구성비가 늘어날수록 소음발생량은 증가하고 대형차 구성비가 줄어들수록 소음발생량은 감소하는데 거리대별(10, 20, 30m)로 볼 때 소음원으로부터 거리가 멀어질수록 같은 추세로 감소하고 있는 것을 볼 수 있다.

<그림 4-4> 대형차혼입률과 소음과의 관계

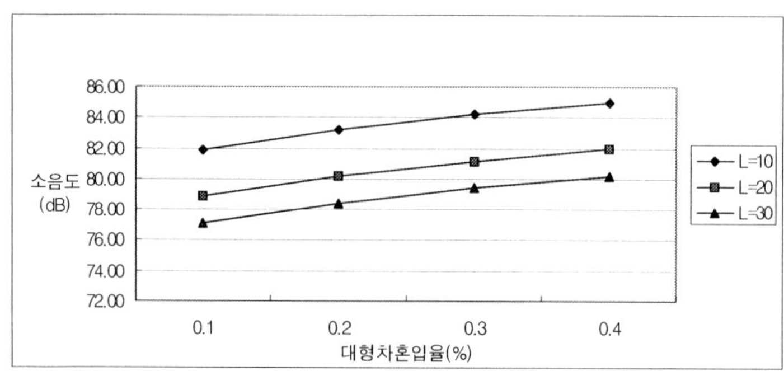

4. 조사항목

아파트가격과 관련한 기존 연구들에서는 모형의 적합성과 설명력을 향상시키기 위해 다양한 가격결정요인을 사용하였고 같은 요인이라 하더라도 측정하는 방법을 달리하거나 대상범위를 달리하는 등 다각적인 접근을 시도하였다.

본 연구에서는 기존 연구의 검토를 통해 아파트가격에 영향을 미치는 요인들을 선정하였는데 아파트가격 결정요인을 크게 세 가지 형태37)로 나누어서 비교대상 아파트 간에 평형과 소음 이외의 요인은

---

37) 아파트가격 결정요인을 세 가지 형태로 나눌 때 첫째, 아파트 자체특성으로 평수, 향, 층 등이 포함되며, 둘째, 아파트단지특성으로 도심과의 거리, 지하

조사대상지역 표본설정 시 가능한 한 같은 조건에 처한 아파트를 대상으로 함으로써 별도의 자료조사가 불필요하게 만들었다.

<표 4-3> 국내 관련연구에서 사용한 아파트가격 결정요인

결정요인 \ 연구논문		이학우	장영재	허세림	정홍주	이왕기	비 고
공통요인	평 수 향 층 방 수		○	○	○	○	주택 자체 특성
	단지규모 (총 세대수)	○	○			○	단지 특성
	건축년도 (경과연수)	○	○	○		○	
	도심까지 거리 (지하철역까지)	○		○		○	
개별요인	조 망				○	○	지역 특성
	학교(학군)	○	○	○			
	공 원	○					
	공 해		○				환경 특성
	소음(분진)			○		○	
	범죄율		○				
	병상 수			○			

자료: 1) 이학우(1992), 부산시 고층집합주거단지의 주거편익도와 주택가격의 상관관계연구, 부산대.
　　 2) 장영재(1993), 주택의 묵시적 가격과 교육의 수요. 인제논집. 9(2): 573-84.
　　 3) 허세림(1994), 헤도닉가격기법을 이용한 주택특성의 잠재가격측정, 주택연구, 2(2): 27-42.
　　 4) 정홍주(1995), 아파트가격결정모형에 관한 실증 연구; 서울 지역 한강변 아파트를 중심으로, 건국대.
　　 5) 이왕기(1996), 아파트가격에 내재한 경관조망가치의 측정 및 분석, 한양대.

철역과의 거리 등이 포함된다. 셋째, 학교, 학군, 공원과 같은 주변환경특성이 포함된다.

따라서 샘플조사에서는 우선 아파트가격에 영향을 미치는 요인을 모두 고려하여 가능한 한 다른 조건은 모두 같다고 볼 수 있을 정도로 면밀하게 표본을 구성하였다.

즉, 아파트가격에 영향을 미치는 요인을 자료 없이도 해결할 수 있는 항목과 자료 없이는 해결할 수 없거나 미미한 영향을 갖는 것은 한계항목으로 나누고, 해결할 수 있는 부분은 어떻게 극복했는지 다음 〈표 4-4〉와 같이 제시하였다.

〈표 4-4〉 아파트가격에 영향을 미치는 설명변수(조사항목)

종속변수	설명변수(조사항목)		내 용	극복방안
아파트 매매가격	주택 특성	평 수	국민주택(18평 이하) 국민주택규모(33평이하(85m²): 기금지원) 민영주택(33평 이상)	독립변수(평수) 더미변수 처리
		층	인기층, 비인기층으로 구분	인기층 기준
		향	남, 남서, 남동과 그 이외로 구분	남, 남서, 남동 기준
		조망(경관) 여 부	조망 유무	동일조건
		소 음	소음 유무	
	단지 특성	경과연수		동일 조건
		총세대수	단지규모(주변단지 포함)	대규모단지로 동일
		전철역과의 거리		동일조건
		도심과의 거리		동일조건
	지역 특성	학 교		동일조건
		학 군		동일조건
		공 원		동일조건
	분석 항목	한계소음 가 격	소음 한 단위(dB) 증가(또는 감소)로 인한 아파트 매매가격 변화분	

단, 아파트 매매가격은 대상지역 인근의 공인중개사 사무실을 방문
하여 조사시점인 금년 3월 현재 거래기준가격을 조사하였는데 이는 실
거래가격을 적용할 경우 급매 및 계절적 영향에 따른 아파트 매매가격
에 변동폭이 크기 때문에 적합한 자료가 될 수 없다고 판단되었기 때
문이다.

5. 본 연구의 접근방법 도출

국내의 경우 소음에 대한 화폐가치화에 대한 연구는 드물다. 몇몇
연구에서 지하철 소음과 건설비와의 관계에서 소음가격을 설문조사하
는 것이 있으며, 공항주변 거주자에 대한 항공기 소음피해에 대한 보
상비를 산정하는 과정에서 판례에 의한 소음피해비용 산정을 다룬 것
에 불과하다. 본 연구는 자동차 소음의 한계소음가격을 소음과 아파트
매매가격차를 통해 추정하되, 함수형태별, 지역별, 평형대별에 따른
소음 차이로 인한 아파트가격 차이를 분석한다.

따라서 본 연구의 접근방법은 다음과 같이 설명할 수 있다.

먼저 도로교통특성과 소음의 크기 간의 상관관계 규명과 소음수준에
따른 아파트 매매가격 차이와의 관계를 규명하기 위해 소음측정 및 설
문조사(샘플링)를 실시한다. 특히 부동산 중개업소를 통한 사례지역
아파트 매매가격 조사[38]를 하고 조사를 통해 수집된 소음수준별 아파

---

38) 본 연구는 선호의식(SP)자료를 이용하지 않고 현시선호(RP)자료를 이용하
  였다. 물론 선호의식기법 적용을 위한 설문디자인을 구상하였으나 아파트
  주민들의 소음수준과 부동산 가격에 대한 자의적인 대답으로 인한 편의
  (bias)문제를 어떻게 처리할 것인가가 SP적용을 망설이게 한 가장 큰 이유
  였다. 또한 가상적인 시장상황을 전제로 구성된 설문을 우편으로 발송할 경
  우 회수율이 낮으며, 직접 개별 방문하여 자세하게 설명을 해 줄 조사원의
  확보애로 또한 SP적용을 망설이게 한 이유로 꼽을 수 있다. 향후 높은 교육
  수준과 표본 추출방법, 그리고 설문조사에 익숙한 사회분위기가 조성되면

트 매매가격 차이에서 소음으로 인한 가격 차이에 대한 비중을 회귀분석으로 파악한다. 즉, 회귀분석 자체가 소음수준에 따른 아파트가격 차이에서 소음 차이변수의 계수값을 찾아내는 행위를 말하며 그러한 분석으로 함수형태별 한계소음가격 도출이 가능하다. 또한 소음수준에 따라 지역별, 도로유형별로 아파트가격 차이에 있어서 회귀모형의 동일성 여부를 판단하는 가설검정을 한다.

일반적으로 특성가격은 소음 이외의 여러 요인에 따라 결정되므로 Box-Cox 변환을 통해 적합한 함수형태를 도출해야 하나, 본 연구에서는 아파트가격에 영향을 미치는 여러 요인 중 많은 부분을 동일 조건의 샘플을 확보함으로써 굳이 Box-Cox 변환을 적용할 필요는 없었다. 통상적으로 Box-Cox 변환을 적용하기 위해서는 수많은 데이터가 필요하나 본 연구에서는 특성가격기법의 변형으로서 2단계 추정을 시도하였다.

여기서 Box-Cox 변환에 대해 간략히 설명하면, Rosen[39]이 제안한 특성가격기법에 의하면 시장가격인 주택가격과 환경조건의 관계를 표현하기 위해서는 시장가격함수가 필요하다. 이 단계에서도 함수형태의 설정이나 다중공선성을 포함하는 파라메타 추정에 관련된 계량경제학상의 문제가 존재한다. 따라서 이러한 문제에 대한 하나의 방책으로서 가장 적용이 용이한 함수로서 Box-Cox형이 사용되고 있다. 특히 1980년 이후의 연구에서는 함수형태의 선정에 대해서 Box-Cox 변환이 빈번하게 사용되고 있다.

특성가격함수로서 선형의 함수가 사용되면, 추정식은 다음과 같이 된다.

SP를 이용한 자료로 분석이 가능하리라고 본다.
39) Rosen, S. Hedonic prices and implicit market, Journal of Political Economics, Vol.82, pp.34-55, 1974.

$$p = a_0 + a_1 z_1 + \cdots\cdots + a_i z_i + a_n z_n + e_p \qquad (4\text{-}9)$$

여기서 p는 주택가격, z_i는 i 속성의 값, e_p는 오차항, 그리고 a_i는 추정될 파라메타이다. 통상적으로 이 파라메타는 최소좌승법에서 추정된다.

선형모형은 추정이 편리하지만 그것이 가장 양호한 함수라고 보증할 수 없다. 따라서 가장 양호한 함수형태를 찾기 위해, 가령 특성가격함수의 비선형성에 Box-Cox 변환이 자주 이용된다.

Box-Cox 변환[40]은 예를 들면 변수 p를 아래 모형식처럼 파라메타 λ를 이용하여 변환하는 것이다.

$$
\begin{aligned}
G(p; \lambda) &= (p^\lambda - 1)/\lambda \quad (\lambda \neq 0) \\
&= \ln p \qquad (\lambda = 0)
\end{aligned} \qquad (4\text{-}10)
$$

따라서 Box-Cox 변환은 대수형이나 선형의 함수형태를 그 특수한 경우로서 포함하는 일반적인 고차함수로서 고려된다. 이러한 변환을 이용하면 특성가격함수는

$$G(p; \lambda) = a + \Sigma \beta_i h_i(z_i ; \mu_i) \qquad (4\text{-}11)$$

로서 표시된다.

여기서 $h_i(z_i, \mu_i) = (z_i^{\mu_i} - 1)/\mu_i$, λ와 $\mu_i(i = 0, \cdots\cdots, n)$는 변환 파라메타이다.

종속변수인 p의 변환을 행하지 않는 경우에는 독립변수 z의 변환에 대해서 어느 변환이 통계적으로 가장 적합도가 양호한지에 대한 판단

---

40) Georce G. Judge, R. Carter Hill, Introduction to The Theory And Practice of Econometrics, 2nd Edition, 1981, pp.555-557 참조.

에는 통상적으로 자유도 조정 결정계수를 이용할 수 있다. 그렇지만 종속변수에 변환을 실시할 경우에는 오차분포는 정규분포를 따르지 않으므로 추정에는 최우추정법이 이용된다. 이러한 것에서부터 우도함수에 의해 대수우도치가 최대가 되는 μ_i를 선택해 가는 것이 된다.

본 연구에서 수행하는 회귀분석은 아파트가격의 차이를 소음이 설명하는 부분과 샘플링에 의해서 해결되지 못한 기타의 요인에 의해 결정되는 부분 그리고 설명되지 않는 잔차항으로 구분한다. 회귀식을 추정한 결과 한계소음가격을 구할 수 있다.

회귀식의 종속변수로는 아파트가격 차이가 사용되며, 가장 주된 설명변수는 소음 차이이다. 소음 차이 이외의 설명변수로는 지역더미와 도로유형더미가 사용된다. 더미변수는 정량적으로 정확히 표현되지 않는 변수들을 0과 1과 같이 단순화시켜서 질적인 차이만을 담고 있는 변수들이다. 즉 더미변수는 정성적인 변수이다. 여기서 더미변수의 역할은 소득수준과 같이 중요한 변수임에도 자료의 확보가 곤란한 아파트가격 차이 결정요인을 부분적으로 반영한다. 표본조사에 의하여 평형이 동일한 것들만을 조사했지만 평형 역시 소득수준을 정확히 반영한다고 볼 수 없으므로 지역더미는 그 한계를 부분적으로 보완하는 역할을 한다. 그리고 아파트 거주자들의 행태와 같이 측정하기 곤란한 부분을 설명한다고 볼 수도 있다. 도로유형더미는 본 연구에서 구체적으로 다루고 있지 못한 교통공학적 차이가 아파트가격 차이에 미치는 영향을 설명하는 대리변수로서의 역할을 한다. 더미변수를 통해 얻을 수 있는 추가적인 정보 역시 정성적이며 몇 가지의 가설을 검정함으로써 얻게 된다. 분진, 진동, 매연 등과 같이 소음관련 변수들을 구분하여 설명하기 곤란한 부분들은 잔차항 속에 포함된다.

<그림 4-5> 접근방법 모형도

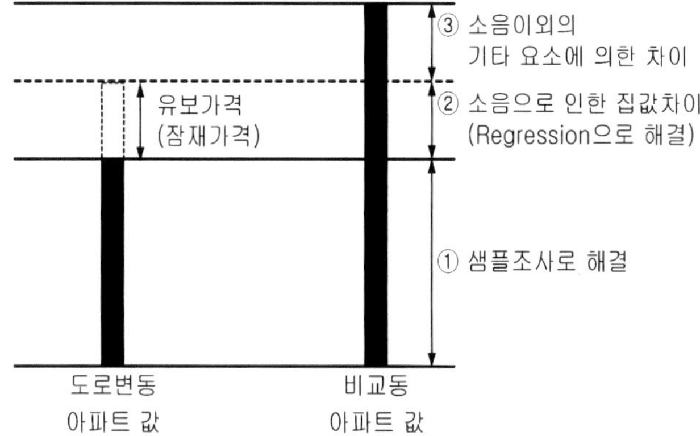

제2절 조사대상 아파트의 선정

아파트는 주택특성상 일반적으로 남향을 위주로 하는 배치이기 때문에 대부분 남향을 위주로 아파트를 선정했고 경우에 따라서는 남동향, 남서향으로 배치된 아파트도 조사대상에 포함시켰다. 도로변동과 비교동의 아파트 배치가 같은 것을 조사대상으로 선정했고, 아파트 배치 방향이 반드시 남향이 아니더라도 도로변동과 비교동의 배치가 같은 것은 추가적으로 포함시켜 조사했다. 앞에서 전제했듯이 모든 조건이 동일하다는 가정하에 아파트를 선정하였기 때문에 서로 향이 틀리면 도로변동과 비교동 아파트 매매가격을 비교할 때 향의 영향이 들어가기 때문에 가능하면 같은 향을 가지며 같은 배치를 가진 아파트를 선정한 것이다. 다음 그림은 조사대상 아파트 배치형태를 나타낸 것이다.

<그림 4-6> 조사대상 아파트 배치형태

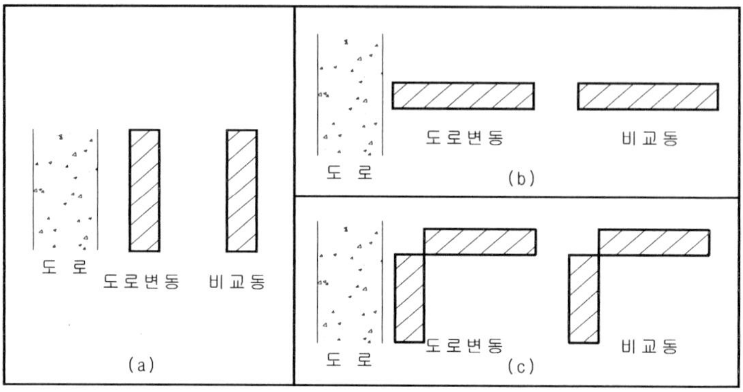

제3절 자료수집 방법 및 조사

1. 도면조사

본 연구에서 사용되는 도면은 아파트의 배치형태가 나와야 조사가 가능하기 때문에 정밀도가 높은 도면이 필요하다. 그래서 1/1,200축 척의 항측도가 가장 정확하다고 볼 수 있으나 도면의 수가 방대하여 실제 작업하기에는 상당히 곤란하겠다는 생각이 들었다. 더구나 항측 도가 최근의 자료가 아니기 때문에 새로운 건축물이나 없어진 건축물 등 최근의 현황을 한눈에 볼 수 없기 때문에 적합하지 못하다고 판단 되었다. 따라서 본 연구에서는 1/10,000축척의 교통지도를 사용했으 며, 이 교통지도는 최근의 자료까지 수정되어 추가되어 있고 아파트 배치까지 나와 있기 때문에 본 연구의 접근에 용이하여 대상지 도면조 사는 이를 활용하였다.

2. 분석대상 아파트단지 현황

본 연구에서의 분석대상 아파트는 수도권 내 대도시(서울 서초·강남권과 인천·부천권)의 간선도로(고속도로, 도시간선도로)에 인접한 인구밀집지역의 아파트(평형별)를 대상으로 하였다.

서울·강남지역은 경부고속도로(서초−반포 구간)변에 있는 서초동, 반포동과 양재대로(양재−수서 구간)의 개포동, 대치동의 아파트 밀집지역을 대상으로 하였다.

인천·부천지역은 중동신도시를 대상으로 했는데 이유는 분당·일산과 같은 수도권 신도시지역이 강남과 소득수준 차이가 나지 않는 반면, 부천 중동지역은 소득수준도 강남과는 차이가 많이 나고 부동산 뱅크를 통해 볼 때 평당주택가격도 상대적으로 낮아 지역적 차이를 볼 수 있기 때문에 분석대상에 포함하였다.

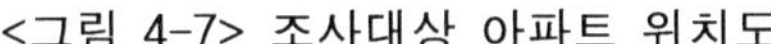

<그림 4-7> 조사대상 아파트 위치도

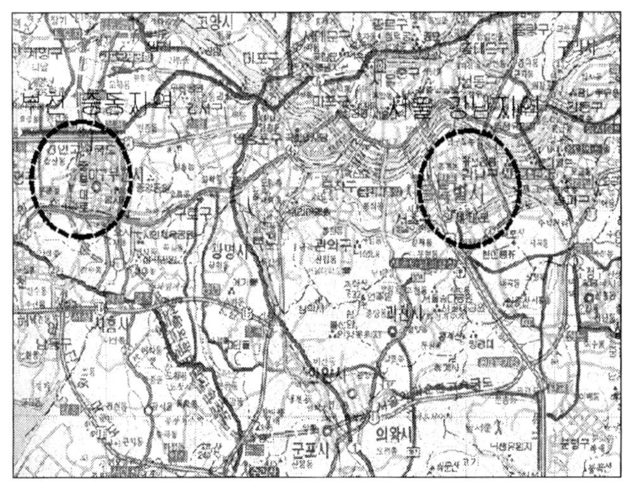

3. 소음측정조사

소음측정은 소음측정기를 통해 도로변동과 비교동을 동시에 측정하였는데 로얄층을 기준으로 해서 5초 간격으로 해서 50회를 측정하여 평균값을 도출하였으며 각 대상지별로 하루에 2회를 실시하였다. 소음측정을 함에 있어서 대상지 전체를 일괄적으로 같은 시간대에 조사하면 더 정확한 자료를 산출할 수 있지만 조상대상수가 방대하고 또한 소음측정장비 부족으로 인해서 같은 시간대에 동시에 조사는 하지 못했다. 하지만 도로변동과 비교동은 가능한 한 같은 시간대에 조사를 실시하였다. 본 연구에 있어서 소음측정은 도로변동과 비교동과의 소음수준의 차이에 있기 때문에 소음측정을 하면서 주변에 예기치 않은 공사로 인한 소음이나 사고로 인한 소음 등을 배제할 수 없어서 도로변동과 비교동은 동시에 소음측정이 진행되었다.

1) 측정방법

소음은 발생원에서의 영향범위가 지극히 협소하고 샘플지점마다의 정보가 필요하다. 또한 본 연구에서의 특징인 주택가격과 소음의 데이터의 계측 핵심의 일치성을 확보하기 위해 본 연구에서는 소음샘플 지점에 있어 실제로 계측함과 동시에 〈표 4-5〉에 본 연구에 대한 소음측정방법 및 사용기기를 정리하였다.

소음조사는 교통량, 속도, 대형차량 구성비율에 따른 도로소음특성을 가급적 정확히 파악하기 위해 비교적 암소음이 낮고, 지형이 평탄하고 장애물이 없는 지역을 대상으로 하였다. 측정은 ISO 3095를 준용하여 반자유음장이 만족되는 환경에서 도로 중앙분리대로부터 조사대상 아파트까지, 소음이 비교적 많이 잡히는 10층41)을 기준으로 ±2

---

41) 최근의 사례(자연종합환경, 2000년 3월 20일)로 성수대교 북단 응봉아파트 (15층) 방음벽 설치를 위한 아파트 소음측정결과, 소음은 온도와 습도에 영

층에서 행해졌으며, 아파트 층별 실외 소음도를 측정하였다.

2) 측정기기

소음 조사에 사용된 측정 및 분석기기의 시스템 구성은 크게 2개의 유형으로, 그 하나는 microphone을 noise level analyzer (B&K 4426, A특성 및 빠름 동특성)42)에 연결하여 현지에서 측정·기록하였으며, 다른 하나는 microphone에서 microphone power supply를 거쳐 소음계 (Rion NL-15 및 Rion NL-29E)로 측정하였다.

<그림 4-8> 소음측정기(Rion NL-15)

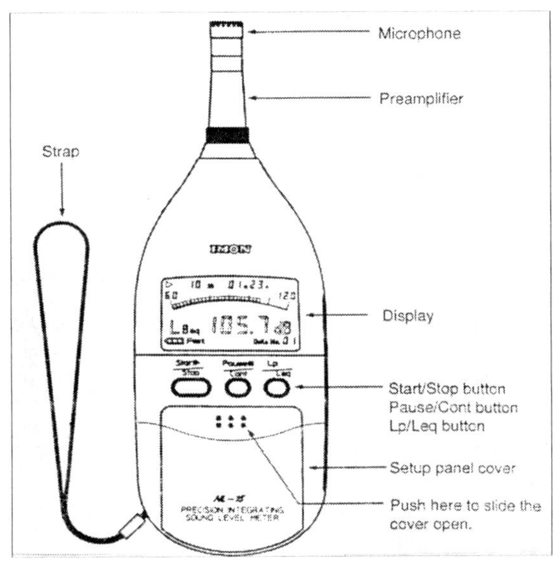

향을 받으면서 3층의 경우 70dB, 9층 81dB, 10층 80dB로 10층±2층이 소음이 가장 높게 잡히는 것으로 볼 수 있음.

42) 청감보정회로 및 동특성에 대해 말하자면, 소음계의 청감보정회로는 A특성에 고려하여 측정하여야 하며, 소음계의 동특성은 원칙적으로 빠름(Fast)을 사용하여 측정하여야 함.

<표 4-5> 소음측정방법 및 사용기기

구　분	내　용
측정방법	A특성(음압수준을 인간의 청각에 보정한 값)으로 5초마다 연속해서 50회 계측한 평균치(Leq)를 사용 교통량이 적은 평일날에 주로 측정
측정장소	소음측정은 측정상의 한계로 주로 실외(복도) 에서 행하였는데 파일럿 서베이에 의하면 층별로 실내외 소음에 차이가 있음을 알 수 있었고, 소음이 가장 크게 잡히는 12층의 경우 실내외가 30분동안 20±2dB(A)로 계측
사용기기	보통소음계는 Rion NL-15 및 Rion NL-27, Rion NL-29E 사용

3) 측정자료 분석 및 암소음보정

측정자료는 다음 경우에 따라 분석·정리하며, 소수점 둘째자리에서 반올림 하였다.

계기조정을 위하여 먼저 선정된 측정 위치에서 대략적인 소음의 변화양상을 파악한 후 소음계 지시치의 변화를 목측으로 5초 간격 50회 판독 기록하여 다음의 방법으로 그 지점의 측정소음도 또는 암소음도를 정하였다.

① 소음계의 지시치에 변동이 없을 때에는 그 지시치
② 소음계의 지시치의 변화폭이 5dB 이내일 때에는 구간 내 최대치 10개의 산술평균 소음도
③ 소음계 지시치의 변화 폭이 5dB을 초과할 때에는 "등가소음도 계산방법"에 의한 등가소음도를 계산하며, 본 연구에서는 등가소음을 측정할 수 있는 소음계를 사용하였기 때문에 그 소음계에 나타난 등가소음도를 사용하였다.

또한 소음측정도에 다음과 같이 암소음을 보정하여 대상소음도로 한다.

① 측정소음도가 암소음보다 10dB(A) 이상 크면 암소음의 영향이 극히 작기 때문에 암소음의 보정 없이 측정소음도를 대상소음도로 한다.

② 측정소음도가 암소음보다 3-9dB(A) 사이로 크면 암소음의 영향이 있기 때문에 측정 소음도에 〈표 4-6〉 보정표에 의한 보정치를 보정한 후 대상소음도를 구한다.

③ 측정소음도가 암소음보다 2dB(A) 이하로 크면 암소음이 대상소음보다 크므로 ① 또는 ②항이 만족되는 조건에서 재측정하여 대상소음을 구하여야 한다.

<표 4-6> 암소음의 영향에 대한 보정치

측정소음도와 암소음의 차	3	4	5	6	7	8	9
보정치	-3	-2			-1		

4. 직접면담조사

본 연구를 하면서 첫 번째로 도면을 통해서 대상지를 선정하였고 각 대상지에 대해서 조사항목을 설정하고 대상지별로 배치 및 평형 등 여러 가지 조사항목에 대해서 직접조사를 실시하였다. 설문에 대한 조사대상자는 대상단지에 인접한 부동산 중개업자를 통해서 알아보았는데 매매가격은 2000년 3월 현재시점의 거래기준가격으로 자료를 취득하였다. 매매가격에 대해서 세입자를 통해서 설문을 하는 연구도 있으나 이는 아파트가격에 대한 정보가 부족하여 주관적인 판단이 강하게 작용할 우려가 있다. 하지만 부동사 중개업자의 경우는 제3자의 관점에서 다양한 거래를 통한 경험적 가격을 제시할 수 있고 대상아파트에 대한 자세한 정보를 가지고 있다는 장점이 있다.

한편 평형대별 한계소음가격 도출을 위한 추가조사의 필요성이 제기되어 같은 방법으로 조사를 하였는데 2000년 4월 현재까지의 거래기준가격으로 자료를 취득하였다.

물론 아파트 매매가격 조사상의 애로점은 있었으나 부동산 중개소의 매매정보와 인터뷰를 통해 도로변 아파트가격시세를 파악하였으며, 급매 및 전세와 같은 것은 자료조사에서 배제시켰다.

일반적으로 도로변에는 대형아파트가 드문 반면, 중소형 아파트는 많았으며, 비교동이 평수가 달라 표본에서 제외되는 경우도 많이 있었다. 경우에 따라서는 도로변동과 비교동이 최대 3-4평 차이가 나는 경우에는 평당가격을 적용하여 유효표본으로 삼고 아파트 매매가격을 부동산 중개업자에게 묻기도 하였다.

제4절 자료특성분석

본 연구의 조사자료에 대한 기술분석은 먼저 소음발생예측모형에 따른 도로교통특성과 소음 발생량 간의 관계를 통과교통량, 속도, 대형차구성비의 변화에 따라 거리대별 소음도가 어떻게 변화하는지를 분석한다.

그리고 난 뒤 수도권 내 주요 간선도로변에 있는 대규모 아파트 밀집지역 중에서 본 연구에서 사례대상지역으로 선정한 서울 강남지역과 인천 부천지역의 중동을 대상으로 현황조사 및 조사자료의 통계적 분석을 수행한다.

1. 사례대상 도로의 소음발생 특성

본 연구 사례지역의 대상도로는 경부고속도로 서울 강남지역의 서초
-반포 구간과 경인고속도로 부천지역의 부천-인천 구간이며, 도시간
선도로 중 서울 강남지역 양재도로는 양재-수서 구간이며, 부천지역
중동대로는 중동-송내 구간이 해당된다.

대상도로의 소음특성과 소음측정치를 볼 때, 고속도로의 경우 방음
벽도 높고 소음이 短波로서 수직으로 치솟아 아파트 고층까지 영향을
미치는 특성(FM)을 보이며, 타이어 마찰음이 주로 들리며 고주파
(MHz)를 갖고 있으며, 서초-반포 구간의 경우 20m 이격거리기준으
로 소음수준이 78~71dB로 나타났으며, 고속도로 구간이라 대부분
방음벽이 설치되어 있어 방음벽효과는 약 5dB 정도로 나타났다. 그리
고 부천-인천 구간은 20m 이격거리기준으로 소음수준이 80~72dB
로 나타났다.

도시간선도로의 경우 방음벽이 없거나 방음벽이 설치되어 있는 경우
고속도로보다 낮게 설치되어 있고 소음이 長波로서 아래로 깔려 저층
에 영향을 미치는 특성(AM)을 보이며 엔진 또는 머플러음이 주로 들
리며 저주파(KHz)를 지니고 있다. 양재-수서 구간의 경우 20m 이
격거리기준에서 소음수준이 71~66dB로 나타났으며, 방음벽이 있는
경우 그 효과는 약 3dB을 감소시키는 것으로 측정되었다. 또한 부천
-송내 구간은 20m 이격거리기준으로 볼 때 소음수준이 72~67dB
로 나타났다.

사례지역 대상도로의 소음도 분포를 현행 도로교통량통계연보에 나타
나 있는 고속국도 구간별 12시간, 24시간 교통량을 기준으로 할 때 경부고
속도로의 경우 서초-반포 구간은 교통량이 6,500~4,500(veh/hr), 속도가
70~50(km/hr), 대형차 혼입률이 30~15%로 조사되었으며, 따라서 거
리대별 유발소음도는 10m 이격되었을 때 81.65~74.08(dB), 20m 이격되

었을 때 78.64~71.07(dB), 30m 이격되었을 때 76.88~69.31(dB)로 예측
되었으며, 이러한 소음도는 방음벽이 없는 상태에서 소음이 거리대별로
전파되는 값이므로 실제 방음벽 설치로 인한 소음저감효과 5dB를 감안
하면 각 거리대별 소음도 범주에서 상하한 5dB만큼씩 줄어드는 값이 된
다. 실제 본 연구에서 방음벽 설치지점으로부터 20m 이격되어 있는 조사
대상 아파트의 소음측정값 역시 약 73~66(dB)의 범주를 지니고 있는 것
으로 보아 상기 소음예측모형에 의한 예측결과와 비슷한 양상을 보이고
있음을 알 수 있다.

<표 4-7> 경부고속도로(서초－반포 구간)

구 분	교통량 (veh/hr)		속도(km/hr)		혼입률(%)		거리대별 유발소음도 최고/최소(dB)		
적용치	최고	최저	최고	최저	최고	최저	10m	20m	30m
경부 고속 도로	6500	4500	70	50	0.3	0.15	81.65	78.64	76.88
							74.08	71.07	69.31

<그림 4-9> 경부고속도로(서초－반포 구간)

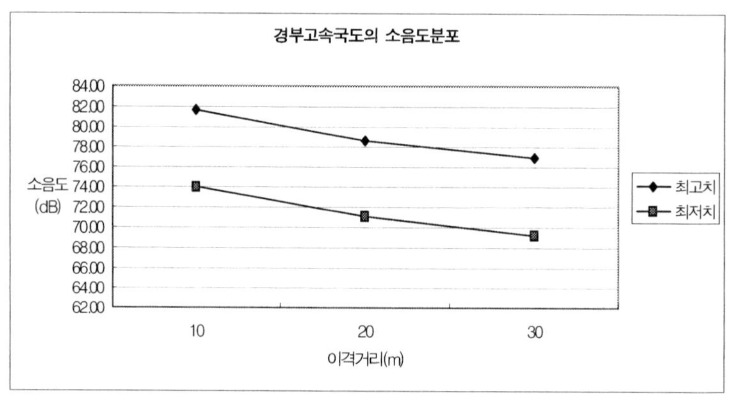

　서울 강남지역의 도시간선도로인 양재대로의 양재－수서 구간은 교통량이 4,000~3,500(veh/hr), 속도가 50~40(km/hr), 대형차 혼입률이 20~10%로 조사되었으며, 따라서 거리대별 유발소음도는 10m 이격되었을 때 74.16~69.38(dB), 20m 이격되었을 때 71.15~66.37(dB), 30m 이격되었을 때 69.39~64.61(dB)로 예측되었으며, 실제 본 연구에서 도로변으로부터 20m 이격되어 있는 조사대상 아파트의 소음측정값 역시 약 71~66(dB)의 범주를 지니고 있는 것으로 보아 상기 소음예측모형에 의한 예측결과와 비슷한 양상을 보이고 있음을 알 수 있다.

<표 4-8> 양재대로(양재－수서 구간)

구분	교통량		속　도		혼입률		거리대별 유발소음도 최고/최소(dB)		
적용치	최고	최저	최고	최저	최고	최저	10m	20m	30m
양재 도로	4000	3500	50	40	0.2	0.1	74.16	71.15	69.39
							69.38	66.37	64.61

<그림 4-10> 양재대로(양재－수서 구간)

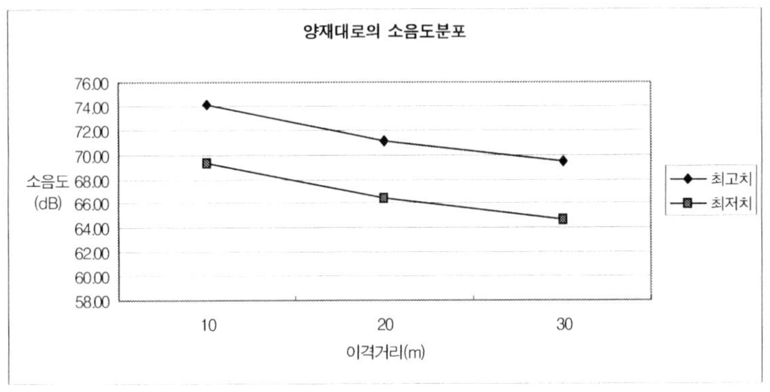

경인고속도로의 경우 부천-인천 구간은 교통량이 6,000~3,000 (veh/hr), 속도가 80~60(km/hr), 대형차 혼입률이 30~20%로 조사되었으며, 따라서 거리대별 유발소음도는 10m 이격되었을 때 83.04~75.29(dB), 20m 이격되었을 때 80.03~72.28(dB), 30m 이격되었을 때 78.27~70.52(dB)로 예측되었으며, 이러한 소음도는 방음벽이 없는 상태에서 소음이 거리대별로 전파되는 값이므로 실제 방음벽 설치로 인한 소음저감효과 5dB를 감안하면 각 거리대별 소음도 범주에서 상하한 5dB만큼씩 줄어드는 값이 된다. 실제 본 연구에서 방음벽 설치지점으로부터 20m 이격되어 있는 조사대상 아파트의 소음측정값 역시 약 74~67(dB)의 범주를 지니고 있는 것으로 보아 상기 소음예측모형에 의한 예측결과와 비슷한 양상을 보이고 있음을 알 수 있다.

<표 4-9> 경인고속도로(부천-인천 구간)

구 분	교통량		속 도		혼입률		거리대별 유발소음도 최고/최소(dB)		
적용치	최고	최저	최고	최저	최고	최저	10m	20m	30m
경인 고속 도로	6000	3000	80	60	0.3	0.2	83.04	80.03	78.27
							75.29	72.28	70.52

<그림 4-11> 경인고속도로(부천－인천 구간)

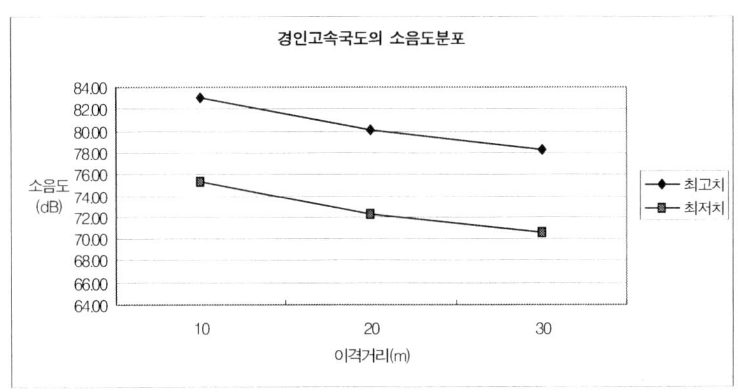

부천 중동지역의 도시간선도로인 중동대로의 부천－송내 구간은 교통량이 3,500～2,500(veh/hr), 속도가 60～50(km/hr), 대형차 혼입률이 20～10%로 조사되었으며, 따라서 거리대별 유발소음도는 10m 이격되었을 때 75.96～70.83(dB), 20m 이격되었을 때 72.95～67.82(dB), 30m 이격되었을 때 71.19～66.06(dB)로 예측되었으며, 실제 본 연구에서 도로변으로부터 20m 이격되어 있는 조사대상 아파트의 소음측정값 역시 약 73～67(dB)의 범주를 지니고 있는 것으로 보아 상기 소음예측모형에 의한 예측결과와 비슷한 양상을 보이고 있음을 알 수 있다.

<표 4-10> 중동대로(부천－송내 구간)

구 분	교통량		속 도		혼입률		거리대별 유발소음도 최고/최소(dB)		
적용치	최고	최저	최고	최저	최고	최저	10m	20m	30m
중동 대로	3500	2500	60	50	0.2	0.1	75.96	72.95	71.19
							70.83	67.82	66.06

<그림 4-12> 중동대로(부천-송내 구간)

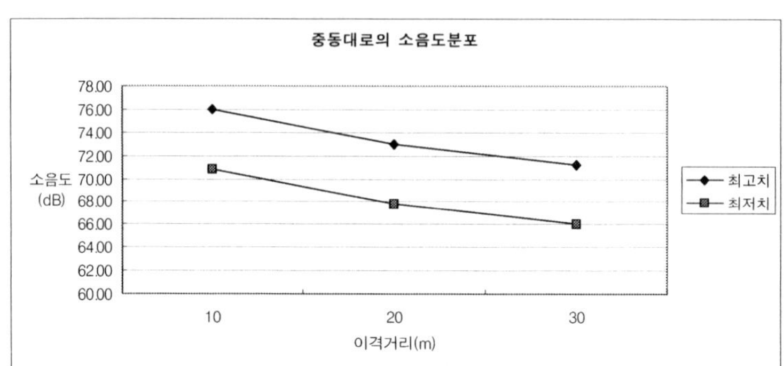

2. 조사자료의 통계적인 특성분석

조사대상 아파트 134개 중 표본오차의 범위를 넘어서는 6개의 조사 자료를 제외한 128개 아파트의 통계량을 살펴보면 서울 강남 지역과 부천 중동지역은 소음에 노출되어 있는 정도와 평균 평수는 비슷하나 주택가격과 평당주택가격에서 상당한 지역적 차이가 있는 것으로 나타 났다. 즉 서울 강남지역의 주택가격 평균은 2억 8천만 원대인 데 비해 부천 중동지역은 1억 1천만 원대로 서울 지역이 거의 3배 정도 높으 며, 평당주택가격 역시 서울 강남지역이 부천 중동지역보다 3배 정도 높은 것으로 분석되었다.

이러한 차이는 두 지역이 갖는 교통접근성 및 평균소득수준 차이로 인해 발생하며, 따라서 지역별, 소득수준별 소음에 대한 민감도 역시 상당히 다를 것으로 추측할 수 있다.

<표 4-11> 조사대상 아파트 전체의 통계량

구 분	평 균	최 소	최 대	표준편차	단 위
주택가격	196.00	56.86	546.13	85.52	백만 원
평당가격	7.97	2.52	20.67	4.30	백만 원
소 음	68.57	63.70	72.70	1.89	dB
평 수	26.38	11.00	50.00	6.68	평

<표 계속> 지역별 통계량

지역구분	서울 강남지역				부천 중동지역				단 위
	평 균	최 소	최 대	표준편차	평 균	최 소	최 대	표준편차	
주택가격	285.00	152.15	546.13	46.26	111.10	56.86	218.68	31.90	백만원
평당가격	12.09	6.03	20.67	2.69	3.68	2.52	5.26	0.65	백만원
소 음	69.05	65.80	71.80	1.32	68.07	63.70	72.70	2.36	dB
평 수	24.31	11.00	49.00	6.74	28.54	16.00	50.00	6.00	평

또한, 평형대별 주택가격은 대형, 중형, 소형 등 3가지 유형으로 구분하였는데, 전용면적 25.7평($85m^2$) 이상인 대형의 경우 수도권 조사대상지역의 평균 주택가격은 2억5천만 원대였으며, 중형($60{\sim}85m^2$)인 경우 1억8천만 원대, 전용면적 18평($60m^2$) 이하인 소형의 경우는 1억 5천만 원대로 나타났다.

이를 지역별로 구분해서 평형대별로 비교해 보면, 서울 강남지역의 대형 아파트의 주택가격 평균은 3억 3천만 원대인 데 비해 부천 중동지역은 1억 7천만 원대로 서울 지역이 약 2배 정도 높으며, 중형 아파트인 경우 서울 강남지역이 2억 9천만 원대로 부천 중동지역의 1억 원대보다 거의 3배 정도 높았으며, 소형 아파트인 경우는 서울 강남지역이 부천 중동지역보다 4배를 상회하는 것으로 분석되어 수요가 많은 중, 소형 아파트로 갈수록 아파트 매매가격에 있어 지역 간 차이가 두드러지는 것으로 분석되었다.

<표 4-12> 평형대별 평균 주택가격 (단위: 백만 원)

지역 평형	수도권	서울 강남지역	부천 중동지역
대　형	251.44	338.57	175.20
중　형	184.82	292.15	100.26
소　형	151.73	224.29	57.84

상기와 같은 조사자료의 통계적 분석을 통해 지역별, 평형대별 주택가격에는 일정 부분이 소음수준에 따라 영향을 받고 있다는 것을 짐작할 수 있으며, 따라서 두 조사대상지역 아파트의 평균 평수와 평균 소음수준에는 큰 차이가 없지만 다음 장에서 추정될 한계소음가치에 의해 지역별, 평형대별로 아파트가격에 내재되어 소음가치의 비중을 도출할 수 있을 것이다.

제5장 자동차 소음가치 추정

제1절 회귀분석을 통한 소음가격 추정

1. 개 요

소음가격 추정을 위하여 본 연구에서는 대도시지역(수도권) 중 서울 강남·서초권역과 인천·부천권역을 분석대상으로 하였으며, 먼저 전체 분석대상지역에서의 아파트가격 차이를 종속변수로 삼고, 4개의 설명변수(소음 차이, 평형, 도로유형더미, 지역더미) 중에서 직관적으로 종속변수에 대하여 설명력 있는 것으로 예상되는 변수들을 중심으로 통계적 변수선택방법인 단계적 변수선택법(stepwise Selection Method)을 통하여, 설명변수들을 선정한 뒤 회귀모형을 구성하고, 회귀진단을 통하여 최종 모형을 제시하고자 한다. 구체적인 절차상 내용은 다음과 같다.

1) 설명변수선정

어떤 변수(종속변수)의 변화를 다른 변수(설명변수)들을 통하여, 설명하고자 할 때 설명변수들의 개수가 많으면 설명변수들 간에 다중공선성 문제가 발생할 수 있고, 어떤 설명변수들은 종속변수와 관계가 없을 수도 있다. 또한 설명변수의 개수가 너무 많으면 해석이 어려워지기도 하므로, 모형을 선택할 때에는 가능한 적은 개수의 설명변수를 이용한 모형을 선택하는 것이 좋다. 이를 통계학에서는 변수의 절약(parsimony)이라고 한다.

따라서 모형을 구성하는 데 있어 변수선택문제를 고려하여 적절한 변수를 선택하여야 하는데, 연구에서는 변수증감법 또는 단계적 변수선택법(stepwise Selection Method)을 채택하여 모형에 필요한 설명변수를 선택하기로 한다. 그러나 단계적 변수선택법은 회귀계수의 P-값의 0.15를 기준으로 변수를 선택 제시해주기 때문에 연구자료를 통하여 변수를 제안하지 못하는 경우도 있었다. 따라서 연구자는 종속변수와 설명변수를 함께 상관분석(correlation analysis)을 통하여 종속변수와 상관관계가 높다고 인정되어지는 변수를 중심으로, 선택된 변수 상호간 다중공선성의 문제가 없는가를 확인해보고 실제 분석에 이용되어질 변수를 제안하였다.

2) 회귀모형구성

종속변수(아파트가격 차이)를 설명하기 위한 설명변수가 여러 개인 경우를 중선형회귀모형(Multiple Linear Regression Model) 또는 간단히 중회귀모형이라고 한다.

본 연구에서는 일반적으로 사용되는 4가지 함수형태[43]를 적용시켰다.

일반적으로 어떤 형태로든 적절한 변환을 통하여 선형으로 바꿀 수 있는 모형은 근본적으로 선형모형이라고 할 수 있으며, 회귀분석에 있어서는 모수들을 추정한 후에 모수들이 회귀분석의 기존 가정들을 만족하는가를 검토해야만 한다.

선형회귀분석의 전제조건으로 주어지는 기본가정들은 다음과 같다. 첫째, 선형성의 가정이다. 즉, 종속변수를 설명변수와의 선형관계로 설명할 수 있다는 가정이다. 둘째, 등분산성의 가정이다. 오차항의 분

---

43) ① 선형(linear): $Y = a + bX$.

② 준로그(semi logarithm): $Y = a + b\ln X$.

③ 역준로그(inverse semi logarithm): $\ln Y = a + bX$.

④ 이중로그(double logarithm): $\ln Y = a + b\ln X$.

산은 모든 설명변수 X값에 대하여 동일하다는 가정이다. 셋째, 독립성의 문제이다. 즉, 오차항들은 서로 독립적이라는 가정이다. 넷째, 정규성 가정인데, 오차항은 평균이 0이고, 분산이 σ^2인 정규분포를 따른다는 가정이다. 이러한 가정들을 만족하는가를 구체적으로 살펴보는 것은 다음절의 회귀진단에서 구체적으로 살펴보기로 한다.

일반적으로 설명변수와 종속변수 사이의 관계를 규명하는 회귀함수를 찾는 데 있어서 선형식으로 가정하는 것이 적절하지 않은 경우가 허다하다. 선형식이 아닌 비선형식인 경우에는 최소제곱법에 의하여 회귀계수들을 구하기가 어려우며 사용상 여러 가지 문제점을 가지고 있다. 특수한 경우에는 비선형 회귀함수이지만 적절한 수학적 변환을 통하여 다루기 쉬운 선형식으로 바꿀 수 있는 경우가 있는데, 위의 세 가지 모형은 이러한 경우이다.

회귀모형이 주어지지 않고 자료만으로 어떤 모형이 적절한가를 판단하여야 하는데, 이런 경우는 종속변수와 설명변수의 산점도를 그려서 판단해도 되지만, 본 연구에서는 설명변수가 많지 않고 소음수준과 평형에 따른 아파트가격 차이가 정의역이 작아 4가지 함수식 모두를 분석에 사용하였다.

3) 회귀진단

회귀진단(Regression Diagnostic)이란, 중회귀모형에서 회귀계수의 유의성을 검토하고, 이상점, 영향관측점, 다중공선선 등의 존재여부를 검토하여, 회귀모형 적합의 문제점과 적합 결과의 타당성을 종합적으로 검토하는 과정이다.

또한 모형의 예측능력과 관련하여 모형구조의 논리와 합리성에 대한 직관적 검토와 개발된 모형의 합리성을 높이기 위한 작업도 함께 하였다. 즉, 설명변수들의 회귀계수 값과 부호가 타당한 관계를 가지는가의 검토 및 2개의 변수가 높은 상관관계로 인하여, 변수선택 과정인 다단계 변수선택법에서 하나만이 선택되어지고, 다른 하나는 제외되었는데, 이 제외된 변수가 보다 타당한 의미를 갖는다고 여겨지는 경우는 변수를 선택할 수 있다는 근거로써 선택되어진 변수를 제외시키고 직관적으로 더 타당성이 있는 것으로 여겨지는 변수를 강제 채택하기도 하였다.

2. 회귀분석의 기본모형 설정

본 연구에서 사용되는 분석은 첫째, 회귀방정식을 추정하여 한계소음가격을 구하는 것과 둘째, 챠오테스트 또는 더미변수를 통한 가설검정 등 크게 두 가지로 구분된다.

여기서 사용되는 기본모형(prototype model)은 $dp = \alpha + \beta\, dn + \varepsilon$ 이다.

dp는 아파트가격 차이를 의미하고 dn은 소음 차이이며 ε은 오차항이다.

아파트가격 차이와 소음 차이를 가장 잘 설명해 주는 모형을 다음과 같은 과정을 거쳐 설정하였다. 먼저 가장 일반적인 형태라고 할 수 있는 모형으로서 가능한 설명변수를 모두 사용하여 회귀분석을 실시하고 여기에서 유의하지 않은 변수들을 소거해나가는 방식을 취했다.

그리고 함수형태로는 선형과 준로그, 역준로그, 이중로그를 사용하였다. 각각의 함수형태에 따라 한계소음가격도 달리 도출된다. 여기서 주의해야 할 점은 로그 형태를 띤 함수를 사용하지만 이들이 추정하고자 하는 모수(parameter)에는 영향을 주지 않고 모수에 대하여는 여전히 선형을 유지하므로 추정방식은 단순회귀(ordinary least square)를 적용할 수 있다.

선형모형은 다음과 같은 식으로 표현된다.

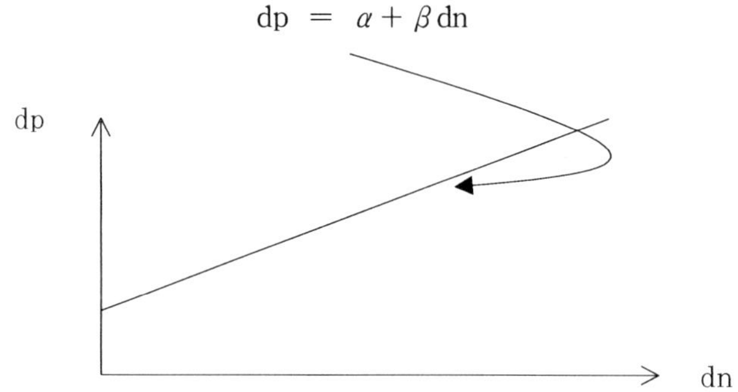

이때 한계소음가격 $\left(\dfrac{\partial\,dp}{\partial\,dn}\right)$은 β로 표현된다.

준로그 모형은 독립변수에 자연대수가 붙은 형태이다.

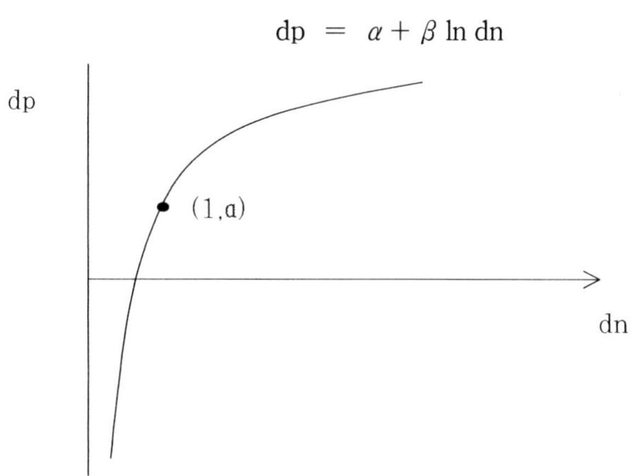

이때 한계소음가격은 $\beta\dfrac{1}{dn}$ 로 표현된다.

역준로그 함수는 종속변수에만 자연대수를 취한 형태로서 다음과 같은 형태를 취한다.

$$\ln dp = \alpha + \beta\,dn$$

역준로그 형태를 dn을 중심으로 다시 풀면 다음과 같다.

$$dp = e^{(\alpha + \beta\,dn)}$$

이 식을 그림으로 그리면 아래와 같은 지수형태의 그래프를 얻게 된다.
이때의 한계소음가격은 $\beta\,dp$이다.

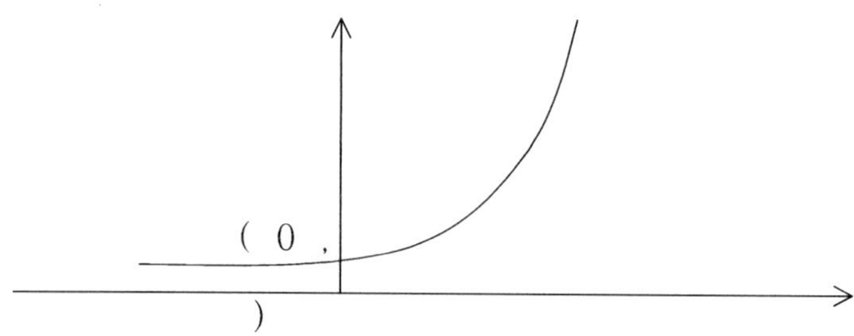

이중로그 함수는 $\ln dp = \alpha + \beta \ln dn$ 형태를 취하며 dn과 dp
에 대하여 풀면 다음과 같다.

$$dp = e^{\alpha}\,dn^{\beta}$$

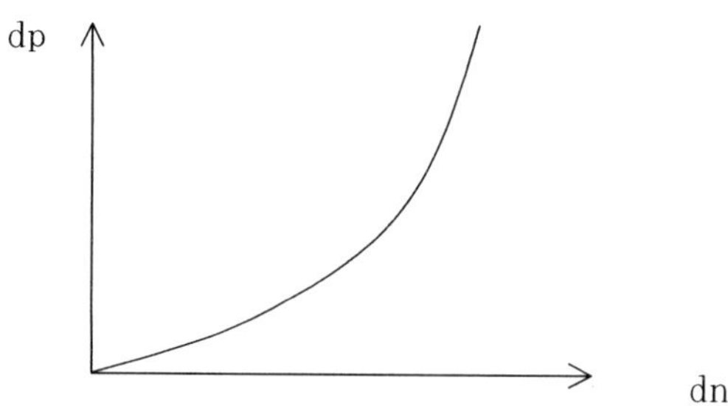

이때 한계소음가격은 $\beta\,\dfrac{dn}{dp}$이다.

3. 전체 대상단지 모형의 추정

1) 상관관계 분석

소음가격 결정모형을 설정함에 있어 변수들에게 다양한 함수변환을 통해 최적 함수를 찾아야 한다. 물론 현실적으로 나타나는 함수형태는 비선형일 수 있고 이들을 본 연구에서 사용한 4가지 함수변환처럼 간단한 변환으로 선형화 시킬 수 있다. 여기서 4가지 함수형태가 모두가 적합한 모형으로 나타날 수는 없다. 하지만 각 함수형태는 모형이 가지고 있는 특성을 다른 측면에서 해석 가능하게 한다. 선형의 함수형태에서는 종속변수와 독립변수가 단순 증감의 관계를 갖는 반면 이중 로그 함수형태에서는 지수적 관계를 갖는다. 따라서 4가지 함수형태에서 결정된 모형의 설명력이나 계수들을 비교한다면 주택가격 차이와 독립변수들 간에 어떠한 관계를 갖는지 파악할 수 있다.

모형에 사용된 변수 중에는 유의수준이 낮게 나타나는 변수들이 있을 수 있다. 기존 연구들은 이러한 변수들을 제거한 후 새로운 모형을 설정하여 보다 적합한 모형을 구성하려고 하였다. 하지만 유의수준이 떨어지는 변수들은 모형에 큰 영향을 미치지 못한다. 따라서 전체변수를 사용한 모형을 통해 소음가격에 영향을 줄 수 있는 모든 변수들과 소음가격과의 관계를 분석할 필요가 있다. 그런데 회귀식의 문제점 중에 다중공선성(multicollinearity)문제와 모형에 불필요한 영향을 미칠 수 있는 변수의 제거는 필요하다. 분산확대지수(VIF: variance inflation factors)[44]의 확인과 변수 간 상관관계 분석을 통해 변수들에 대한 검

---

44) 분산확대지수는 어떤 변수가 다중공선성을 지니는 가를 결정하는 데 유용하다. i번째 변수에 대한 분산확대지수는 $1/(1-Ri2)$로 정의되는데 이때 Ri2는 i번째 독립변수를 종속변수로 하고 나머지 독립변수들을 독립변수로 한 모형의 R2값이다. 모형의 VIF값보다 크게 나타나는 변수들은 다중공선성이 있다고 본다(조인호, 1995. SAS강좌와 통계컨설팅. 제일경제연구소. pp.20-23).

토를 실시하였고, 이를 통해 문제가 될 만한 변수를 제거한 뒤 모형을 재구성하였다.

다음 〈표 5-1〉는 전체 9개 변수들에 대한 상관관계 분석을 실시한 결과를 정리한 것이며, 여기서 상관계수가 ±0.3 이상45)인 경우는 종속변수인 "주택가격 차이"와 독립변수인 "평형"이 0.517로 비교적 높게 상호작용을 하고 있으며, 종속변수인 "주택가격 차이"와 독립변수인 "소음 차이"는 0.326으로 상호작용하고 있음을 알 수 있다.

〈표 5-1〉 표본의 각 변수 간 상관관계

	아파트 가격 (도로변)	아파트 가격 (비교동)	소음 수준 (도로변)	소음 수준 (비교동)	평 형	주택 가격 차이	소음 차이	도로유 형더미	지역 더미
아파트가격 (도로변)	1.0	0.999	0.288	0.247	0.321	0.898	0.103	0.812	0.131
아파트가격 (비교동)		1.0	0.288	0.246	0.325	0.90	0.106	0.811	0.130
소음수준 (도로변)			1.0	0.965	0.148	0.238	0.053	0.307	0.747
소음수준 (비교동)				1.0	0.1	0.140	-0.149	0.303	0.702
평 형					1.0	0.517	0.136	-0.128	-0.023
주택가격 차이						1.0	0.326	0.632	0.066
소음차이							1.0	-0.005	0.019
도로유형 더미								1.0	0.249
지역 더미									1.0

---

45) 표본 집단에서 상관계수가 ±0.3인 경우 표본수가 100개를 넘고 있기 때문에 모집단의 상관계수는 95% 신뢰수준에서 약 0.2-0.4 정도로 볼 수 있다.

2) 최적 회귀식 도출

4가지 함수형태별로 회귀식(1, 2)을 구성하여 분석한 결과 이중로그 함수형태가 모형의 적합도와 설명변수의 유의성 면에서 가장 적합한 것으로 도출되었다. 제4장에서 언급한 것처럼 함수형태가 선형인지, 비선형인지 정확하게 파악하기 위해서는 Box-Cox변환을 통해 적합한 함수형태를 추정해 보아야 하겠으나 본 연구에서는 Box-Cox변환을 적용할 수 있을 정도로 데이터 수도 많지 않고 또한 회귀분석 결과 나타난 이중로그 함수형태가 최적이라고 말하는 것은 본 사례대상지역의 데이터에 한정될 뿐 모든 지역에 적용되는 가장 적합한 함수형태는 아니다. 다시 말하면 본 연구에 국한된 최적 함수형태는 4가지 선형함수형태 중 이중로그 함수가 변수 간의 자기상관관계를 설명하는 더빈-왓슨값(Durbin-Watson stat)이나 모형의 적합성을 나타내는 Akaike info criterion 또는 Schwarz criterion 값이 다른 세 가지 함수형태값보다 우수하여 본 연구의 최적모형식이라고 보았다.

$$LDP = -5.07 + 1.05LDN + 1.13LSZ + 1.19RGD$$
$$(-15.45) \quad (5.99) \quad\quad (12.61) \quad\quad (18.30)$$
$$\text{R-square } 0.7991 \text{ Adj R-sq } 0.7943 \quad\quad \text{Prob(F-statistic)}$$
$$0.0000$$

이 회귀식은 기울기는 같고 절편이 다른 형태에 해당되므로 서울 강남지역과 부천 중동지역 자료에 의해 또 다시 회귀분석을 해보면 두 지역 회귀모형식의 적합성 여부를 판정할 수 있다.

$$LDP(\text{서울 강남}) = -2.70 + 1.00LDN + 0.79LSZ$$
$$(-9.42) \quad\quad (6.51) \quad\quad (10.06)$$

$$R\text{-square } 0.7263 \quad \text{Adj R-sq } 0.7170 \quad \text{Prob(F-statistic)}$$
$$0.0000$$

$$LDP(부천\ 중동)=-7.05\ +\ 1.03LDN\ +\ 1.75LSZ$$
$$(-17.48)\quad (4.56)\qquad (15.03)$$

$$R\text{-square } 0.8234 \quad \text{Adj R-sq } 0.8178 \quad \text{Prob(F-statistic) } 0.0000$$

<표 5-2> 추정결과

함수형태 변수		선 형 (linear)		준로그 (semi logarithm)		역준로그 (inverse semi logarithm)		이중로그 (double logarithm)	
		1	2	1	2	1	2	1	2
R-square		0.724	0.718	0.751	0.745	0.784	0.781	0.807	0.799
Adj R-sq		0.710	0.712	0.738	0.738	0.773	0.775	0.798	0.794
상수항(C)		-1.535	-2.125	-4.909	-5.372	-2.655	-2.521	-5.288	-5.073
		-2.979	-6.369	-7.893	-10.220	-8.273	-12.170	-13.744	-15.453
소음(DN, LDN)		0.354	0.564	1.089	1.632	0.415	0.363	1.250	1.055
		2.009	5.519	2.247	5.788	3.781	5.731	4.167	5.992
평수(SZ, LSZ)		0.054	0.053	1.468	1.422	0.043	0.043	1.149	1.137
		8.890	8.890	9.868	9.857	11.420	11.783	12.490	12.614
지역 더미	RGD	0.747	1.637	0.981	1.677	1.567	1.172	1.739	1.199
		1.193	14.903	1.654	15.982	4.019	17.183	4.741	18.300
	RGN	0.304	–	0.244	–	-0.128	–	-0.171	–
		1.462		1.245		-0.990		-1.407	
도로 더미	RTD	-0.255	–	-0.416	–	-0.216	–	-0.330	–
		-0.401		-0.682		-0.547		-0.874	
	RTN	0.076	–	0.103	–	0.052	–	0.069	–
		0.363		0.512		0.400		0.556	

주) 1: 모든 변수 적용, 2: 유의적이지 못한 변수 제외
　　상단: 계수값, 하단: t값

〈표 5-2〉는 전체 128개 아파트 동을 대상으로 4개의 소음가격에 대한 설명변수를 구성한 것으로 각 셀의 상단부는 계수값이고 하단부는 유의수준이다. 그리고 1차는 4개(독립변수 2개, 더미변수 2개) 요인을 모두 사용한 경우이고, 2차는 다소 유의성이 떨어지는 "도로유형더미" 변수를 제외한 3개의 결정요인을 사용한 경우이다. 4가지 함수형태의 1, 2차 접근 모두에서 모형은 높은 설명력을 보였으며, 특히 2차 접근에서는 이중로그 함수형태가 80%에 가까운 설명력과 99% 수준의 유의수준을 보이고 있으며, 그 다음이 역준로그 함수형태로 이 또한 높은 설명력을 보이고 있음을 알 수 있다.

4. 한계소음가격 도출

한계소음가격은 회귀모형에서 추정된 각 변수의 계수값으로 도출할 수 있는데, 함수형태에 따라 소음 1단위(dB) 변화에 따른 아파트가격 차이인 한계소음가격은 46만 원에서 75만 원으로 계산되었으며, 평형별로는 전용면적 25.7평($85m^2$) 이상인 대형의 경우 78만 원~122만 원, 중형($60{\sim}85m^2$)인 경우 46만 원~59만 원, 전용면적 18평($60m^2$) 이하인 소형의 경우 27만 원~51만 원으로 나타났다.

소득수준이 높을수록 한계소음가격이 높았으며, 대형의 경우 한계소음가격의 범위가 40만 원 정도로 차이가 나는 것은 대형 평수일수록 소득 수준이 높기 때문에 소음에 대해 회피할 수 있는 선택의 폭이 넓기 때문으로 해석할 수 있다.

<표 5-3> 함수형태별 한계소음가격 (단위: 만 원)

선 형	준로그	역준로그	이중로그
β	$\beta\,/\,dn$	$\beta\,dp$	$\beta\,\dfrac{dp}{dn}$
46.0	47.0	74.0	75.0

<표 5-4> 평형대별 한계소음가격 (단위: 만 원)

함 수 평 형	선 형	준로그	역준로그	이중로그
대 형	78.0	80.0	116.0	122.0
중 형	46.0	47.0	57.0	59.0
소 형	27.0	38.0	51.0	51.0

5. 가설검정

1) 가변수(dummy variable)를 이용한 가설검정

본 연구의 앞 절에서 추정을 통해서 한계소음가격을 볼 수 있었는데 이는 정량적인 분석이었다. 그러나 정량적인 분석으로 사용할 수 있는 독립변수는 평형과 소음 차이로 한정되어 있으므로 본 연구에서는 정성적인 분석을 통해 이를 보완하고자 한다. 정성적인 분석은 질적인 차이의 여부를 판단하는 것이다. 분석방법으로는 초우테스트(chow test)와 더미를 이용한 방법이 있다. 여기서는 더미를 이용한 방법을 이용하였다. 다양한 더미변수 중에서 지역과 도로유형에 따른 차이에 관심을 둔다.

더미를 이용한 가설검정은 가설의 유형에 따라 다음의 세 가지가 있다. 아래의 그림에서 보여주고 있듯이 〈유형 1〉은 기울기는 같고 절편만 다른 형태이다. 여기서 절편이 의미하는 바는 생산함수에서의 고정비용과 같은 의미를 갖는다. 절편이 그룹에 따라 다른지를 보기 위해서는 그룹의 속성을 담고 있는 더미변수(여기서는 지역이나, 도로유형)와 1로 이루어진 열벡타를 곱하여 구성한 변수를 독립변수로 추가하고 이렇게 추가된 변수의 모수에 대하여 유의성을 검정하면 된다. 유의성 검정은 통상적인 t 검정이 그대로 적용된다. 그리고 〈유형 2〉에서는 절편은 같고 기울기만 다른 형태를 가정한 것으로 여기서 기울기는 소음이 한 단위 증가할 때 아파트가격 차이의 변화를 반영한다. 그룹별로 기울기의 차이가 있는지를 보기 위해서는 그룹의 속성을 담고 있는 더미변수와 대상이 되는 독립변수를 곱하여 새로운 변수를 생성하고 이 변수를 추가하여 회귀분석을 한다. 그리고 〈유형 1〉에서와 같이 일반적인 t 검정을 한다. 보통 〈유형 1〉에서 사용되는 더미변수를 가법더미, 〈유형 2〉에서 사용되는 더미변수를 승법더미라고 한다. 그러나 〈유형 1〉에서 사용되는 더미변수도 분석의 대상이 되는 변수가 상수인 1이므로 대상더미와 대상변수를 곱한 승법더미라고 볼 수 있다. 그러나 편의상 〈유형 1〉에 사용되는 더미를 가법더미라 하고 〈유형 2〉에 사용되는 더미를 승법더미라고 부르기로 한다. 〈유형 3〉에는 가법더미와 승법더미가 동시에 사용된다.

그리고 가설검정의 절차는 먼저 〈유형 3〉을 분석하여 가법더미와 승법더미의 유의성을 검정하고 유의적이지 않은 것을 소거해 간다.

일단 유의적인 것이 드러나면 표본을 다시 그룹별로 분류하여 소규모 표본을 이용하여 다시 회귀분석을 하게 된다. 이렇게 되면 다시 정량적인 분석이 가능하게 된다. 그러나 여전히 정량적인 분석은 소음 차이에 주로 초점이 맞추어지게 되므로 여기서의 정량적인 분석은 새로운 것이라기보다는 앞서 전체표본을 대상으로 실시했던 정량적인 분석을 보완하는 역할을 하게 된다.

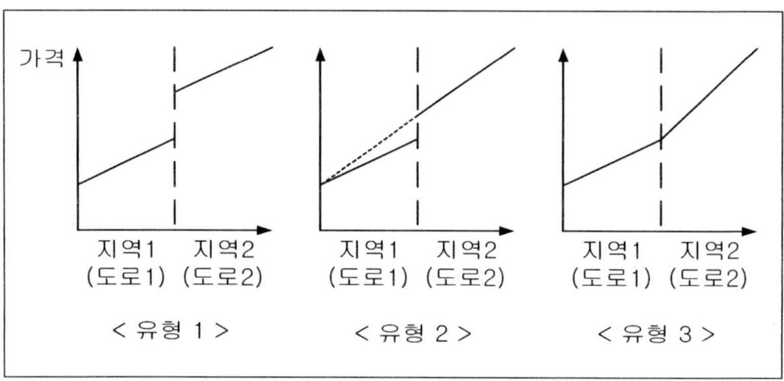

<그림 5-1> 지역별, 도로별 가상적 함수형태

2) 챠오검정(chow test)

본 연구에서 적용할 수 있는 적절한 통계기법 중 챠오검정[46]이라고 부르는 방법이 있는데 이는 분산분석과 그에 따른 F검정을 이용하는 방법이다.

더미변수방법은 차이가 절편계수나 기울기계수 또는 두 계수 모두로부터 기인하는지의 여부를 설명해 주는 반면, 챠오검정은 차이의 근원을 밝힘이 없이 두 회귀식이 서로 다른지의 여부만을 보여준다. 즉 더미변수방법은 단일 회귀식 내에서 분산분석 문제를 다루는 것인 반면, 챠오검정은 두 회귀모델의 동일성을 검정하는 것이다.

3) 검정결과

사례지역 전체를 대상으로 지역별로 소음으로 인한 아파트가격 차이가 지역별로 차이가 있는지, 또한 도로유형별로 차이가 있는지 가설검

---

46) Gregory C. Chow, "Tests of Equality Betwe Sets of Coefficients in Two Linear Regressions," Econometrics, vol.28, no.3, 1960.

정한 결과 지역별로는 아파트가격에 차이가 있으나 도로유형별로는 없는 것으로 나타났다.

$$H \circ : \beta(RGD) = 0, \; Ha : \beta(RGD) \neq 0 \; \rightarrow \; LDP = \alpha + \beta 1 LDN + \beta 2 LSZ + \gamma RGD + \varepsilon$$

$$LDP = -6.3426 + 1.1268*LDN + 1.5611*LSZ + 0.9083*RGD$$
$$(0.0000)$$

$$H \circ : \beta(RTD) = 0, \; Ha : \beta(RTD) \neq 0 \; \rightarrow \; LDP = \alpha + \beta 1 LDN + \beta 2 LSZ + \gamma RTD + \varepsilon$$

$$LDP = -3.7585 + 1.0588*LDN + 0.8825*LSZ + 0.1968*RTD$$
$$(0.1201)$$

또한, 두 회귀모형의 동일성 여부에 대한 챠오검정을 위해 지역소음－주택가격 차이의 관계와 도로유형별 소음－주택가격 차이의 관계가 과연 통계적으로 유의한지의 여부를 밝히기 위하여 다음과 같은 모델을 이용하였다.

$$LDP = \alpha + \beta 1 LDN + \beta 2 LSZ + \gamma 1 RGD + \gamma 2 RGN + \varepsilon$$

이 모형식에서 RGD는 가법형태의 지역더미로서 RGD가 1이면 서울 강남지역, 0이면 부천 중동지역이고, RGN은 지역더미변수에 소음차이를 곱한 승법형태(RGD*DN)로서 $\gamma 1$이 차이절편 계수이고, $\gamma 2$가 차이기울기 계수로서 이 두 계수의 동일성 여부를 검정한다. 따라서 귀무, 대립가설은 다음과 같다.

$$H \circ : \gamma 1 = \gamma 2 = 0, \; Ha : \gamma 1 = \gamma 2 \neq 0$$

분산분석과 그에 따른 F 검정결과, 차이절편계수와 차이기울기 계수는 모두 5% 수준에서 통계적으로 유의하며, 지역소음－주택가격 차이 곡선은 기울기와 절편이 각기 다르다는 사실을 알 수 있다.

$$LDP = -5.32 + 1.32LDN + 1.12LSZ + 1.67RGD - 0.16RGN$$
$$(-14.09) \quad (4.94) \quad (12.49) \quad (4.58) \quad (-1.32)$$

R-square 0.8019   Adj R-sq 0.7955   Prob(F-statistic) 0.0000

한편,

$$LDP = \alpha + \beta 1LDN + \beta 2LSZ + \gamma 1RTD + \gamma 2RTN + \varepsilon$$

이 모형식에서 RTN은 가법형태의 도로유형더미로서 RTN이 1이면 고속도로, 0이면 도시 내 간선도로이고, RTN은 도로유형더미변수에 소음 차이를 곱한 승법형태(RTD*DN)로서 $\gamma 1$이 차이절편계수이고, $\gamma 2$가 차이기울기계수로서 이 두 계수의 동일성 여부를 검정한다. 따라서 귀무, 대립가설은 다음과 같다.

$$H \circ : \gamma 1 = \gamma 2 = 0, \quad Ha : \gamma 1 = \gamma 2 \neq 0$$

분산분석과 그에 따른 F 검정결과, 차이절편계수와 차이기울기 계수는 모두 통계적으로 유의하지 못하며, 도로유형별 소음－주택가격 차이 곡선은 기울기와 절편이 같다는 사실을 알 수 있다.

$$LDP = -3.80 + 1.12LDN + 0.87LSZ + 0.33RTD - 0.05RTN$$
$$(-5.85) \quad (2.42) \quad (5.00) \quad (0.46) \quad (-0.19)$$

R-square 0.2713 Adj R-sq 0.2476 Prob(F-statistic) 0.0000

제2절 서울 강남지역 및 부천 중동지역의 회귀분석

1. 서울 강남지역

1) 회귀식 도출

4가지 함수형태별로 회귀식(1, 2)을 구성하여 분석한 결과 이중로그 함수형태가 모형의 적합도와 설명변수의 유의성 면에서 가장 적합한 것으로 도출되었다.

$$LDP = -2.69 + 0.91LDN + 0.79LSZ + 0.58RTN$$
$$(-10.02) \quad (6.21) \quad (10.71) \quad (3.02)$$
$$\text{R-square } 0.7637 \quad \text{Adj R-sq } 0.7515 \quad \text{Prob(F-statistic) } 0.0000$$

<표 5-5> 추정결과

함수형태 변　수	선형(linear)		준로그 (semi logarithm)		역준로그 (inverse semi logarithm)		이중로그 (double logarithm)	
	1	2	1	2	1	2	1	2
R-square	0.647	0.646	0.721	0.720	0.662	0.661	0.763	0.763
Adj R-sq	0.622	0.628	0.702	0.705	0.638	0.644	0.747	0.751
상수항(C)	-1.011	-1.088	-4.175	-4.307	-0.985	-0.940	-2.696	-2.698
	-1.913	-2.715	-6.668	-7.452	-3.761	-4.733	-9.222	-10.025
소음 (DN, LDN)	0.661	0.688	1.828	2.010	0.326	0.310	0.911	0.914
	3.794	5.615	4.043	6.361	3.780	5.102	4.317	6.211
평수 (SZ, LSZ)	0.057	0.057	1.486	1.464	0.030	0.030	0.791	0.791
	7.514	7.665	9.048	9.229	7.921	8.175	10.323	10.714
도로더미　RTD	-0.166	–	-0.378	–	0.098	–	-0.005	–
	-0.224		-0.567		0.267		-0.017	
도로더미　RTN	0.174	0.120	0.205	0.082	0.046	0.078	0.060	0.584
	0.708	2.578	0.929	1.987	0.381	3.403	0.583	3.029

주) 1: 모든 변수 적용, 2: 유의적이지 못한 변수 제외
　　상단: 계수값, 하단: t값

〈표 5-5〉는 서울 강남지역 62개 아파트 동을 대상으로 4개의 소음가격에 대한 설명변수를 구성한 것으로 각 셀의 상단부는 계수값이고 하단부는 유의수준이다. 그리고 1차는 4개(독립변수 2개, 더미변수 2개) 요인을 모두 사용한 경우이고, 2차는 다소 유의성이 떨어지는 "도로유형더미"변수를 제외한 3개의 결정요인을 사용한 경우이다. 4가지 함수형태의 1, 2차 접근 모두에서 모형은 높은 설명력을 보였으며, 특히 2차 접근에서는 이중로그 함수형태가 80%에 가까운 설명력과 99% 수준의 유의수준을 보이고 있으며, 그 다음이 역준로그 함수형태로 이 또한 높은 설명력을 보이고 있음을 알 수 있다.

2) 한계소음가격 도출

서울 강남지역의 함수형태별 소음 1단위(dB) 변화에 따른 아파트가격 차이인 한계소음가격은 67만 원에서 96만 원으로 계산되었으며, 평형별로는 전용면적 25.7평($85m^2$) 이상인 대형의 경우 200만 원~212만 원, 중형($60{\sim}85m^2$)인 경우 90만 원~95만 원, 전용면적 18평($60m^2$) 이하인 소형의 경우 42만 원~48만 원으로 나타났다.

<표 5-6> 함수형태별 한계소음가격 (단위: 만 원)

선 형	준로그	역준로그	이중로그
β	β / dn	$\beta\, dp$	$\beta\,\dfrac{dp}{dn}$
70.0	67.0	96.0	93.0

<표 5-7> 평형대별 한계소음가격 (단위: 만 원)

함　수 평　형	선　형	준로그	역준로그	이중로그
대　형	200.0	195.0	212.0	207.0
중　형	90.0	93.0	91.0	95.0
소　형	45.0	48.0	42.0	44.0

2. 부천 중동지역

1) 회귀식 도출

4가지 함수형태별로 회귀식(1, 2)을 구성하여 분석한 결과 이중로그 함수형태가 모형의 적합도와 설명변수의 유의성 면에서 가장 적합한 것으로 도출되었다.

$$LDP = -7.30 + 1.22LDN + 1.80LSZ - 0.17RTN$$
$$\quad\ (-29.14) \quad\ (8.65) \quad\ (25.07) \quad\ (-10.14)$$

R-square 0.9336　　Adj R-sq 0.9304　　Prob(F-statistic) 0.0000

<표 5-8> 추정결과

함수형태 변 수		선 형 (linear)		준로그 (semi logarithm)		역준로그 (inverse semi logarithm)		이중로그 (double logarithm)	
		1	2	1	2	1	2	1	2
R-square		0.897	0.894	0.860	0.856	0.935	0.929	0.940	0.933
Adj R-sq		0.890	0.889	0.850	0.849	0.931	0.925	0.936	0.930
상수항(C)		-1.741	-1.913	-5.862	-5.990	-2.907	-3.142	-7.126	-7.306
		-7.498	-9.807	-14.733	-15.571	-16.525	-20.605	-28.755	-29.147
소음(DN, LDN)		0.333	0.399	1.041	1.242	0.309	0.399	0.944	1.228
		4.112	6.125	3.790	5.704	5.036	7.834	5.515	8.651
평수(SZ, LSZ)		0.069	0.068	1.818	1.789	0.068	0.067	1.849	1.809
		19.331	19.325	16.103	16.161	25.127	24.213	26.305	25.075
도로 더미	RTD	-0.539	–	-0.563	–	-0.735	–	-0.797	–
		-1.344		-1.192		-2.422		-2.709	
	RTN	0.002	-0.173	-0.007	-0.189	0.084	-0.154	0.086	-0.172
		0.015	-7.731	-0.045	-7.281	0.842	-8.839	0.891	-10.146

주) 1: 모든 변수 적용, 2: 유의적이지 못한 변수 제외
　　상단: 계수값, 하단: t값

〈표 5-8〉은 부천 중동지역 66개 아파트 동을 대상으로 4개의 소음가격에 대한 설명변수를 구성한 것으로 각 셀의 상단부는 계수값이고 하단부는 유의수준이다. 그리고 1차는 4개(독립변수 2개, 더미변수 2개) 요인을 모두 사용한 경우이고, 2차는 다소 유의성이 떨어지는 "도로유형더미"변수를 제외한 3개의 결정요인을 사용한 경우이다. 4가지 함수형태의 1, 2차 접근 모두에서 모형은 높은 설명력을 보였으며, 특히 2차 접근에서는 이중로그 함수형태가 90%를 상회하는 설명력과 99% 수준의 유의수준을 보이고 있으며, 그 다음이 역준로그 함수형태로 이 또한 높은 설명력을 보이고 있음을 알 수 있다.

2) 한계소음가격 도출

부천 중동지역의 함수형태에 따라 소음 1단위(dB) 변화에 따른 아파트가격 차이인 한계소음가격은 32만 원에서 35만 원으로 계산되었으며, 평형별로는 전용면적 25.7평($85m^2$) 이상인 대형의 경우 65만 원~74만 원, 중형($60 \sim 85m^2$)인 경우 28만 원~34만 원, 전용면적 18평($60m^2$) 이하인 소형의 경우 17만 원~19만 원이었다.

<표 5-9> 함수형태별 한계소음가격 (단위: 만 원)

선 형	준로그	역준로그	이중로그
β	$\beta\,/\,dn$	$\beta\,dp$	$\beta\,\dfrac{dp}{dn}$
33.0	35.0	32.0	34.0

<표 5-10> 평형대별 한계소음가격 (단위: 만 원)

평 형 \ 함 수	선 형	준로그	역준로그	이중로그
대 형	68.0	65.0	74.0	73.0
중 형	33.0	34.0	28.0	29.0
소 형	17.0	17.0	18.0	19.0

3. 두 지역 비교

1) 동일 평형대별 비교

두 지역 간의 평형 규모별 한계소음가격을 비교해 보면 대형 평수인 경우 서울 강남지역이 평균 207만 원으로서 부천 중동지역의 73만 원보다 3배 정도 큰 것으로 분석되었다.

중형 평수인 경우에는 서울 강남지역이 평균 95만 원으로서 부천 중동지역의 29만 원보다 3배 이상 크며, 소형 평수인 경우에는 서울 강남지역이 평균 44만 원으로서 부천 중동지역의 19만 원보다 2.5배 정도 큰 것으로 분석되어 서울 강남지역이 부천 중동지역보다 평형대별 한계소음가격이 전반적으로 높은 것으로 나타났다.

<표 5-11> 지역별 평형대별 한계소음가격 (단위: 만 원)

함 수 평 형	서울 강남			부천 중동		
	최 대	최 소	평 균	최 대	최 소	평 균
대 형	212.0	200.0	207.0	74.0	65.0	73.0
중 형	95.0	90.0	95.0	34.0	28.0	29.0
소 형	48.0	42.0	44.0	19.0	17.0	19.0

2) 소득대리변수로서의 평형대 간 교차비교

일반적으로 아파트 평형은 소득대리변수로 보아도 무방하며, 따라서 두 지역의 평형대 간 교차비교를 해 보고자 한다.

즉, 서울 강남지역의 중형과 부천 중동지역의 대형 평수 간의 한계소음가격이 어떠한지, 서울 강남지역의 소형과 부천 중동지역의 중형 평수 간의 한계소음가격이 어떠한지를 살펴본 결과, 〈표 5-11〉에서도 볼 수 있듯이 서울 강남지역 중형의 한계소음가격이 평균 95만 원으로서 부천 중동지역의 대형 평수의 한계소음가격 73만 원보다 22만 원 높으며, 서울 강남지역 소형의 한계소음가격이 평균 44만 원으로서 부천 중동지역의 중형 평수의 한계소음가격 29만 원보다 15만 원 높은 것으로 나타났다.

이러한 결과는 비슷한 소득수준에 대해서도 한계소음가격이 지역 간에 차이가 있음을 설명하고 있음을 알 수 있다.

3) 소음이 주택가격에 미치는 영향 비교

서울 강남지역과 부천 중동지역에 있어서 소음이 주택가격에서 미치는 영향을 비교해 볼 수 있는데, 즉 서울 강남지역의 평형대별 주택가격이 부천 중동지역보다 거의 3배 가까이 되며, 소음 1dB 증가가 주택가격에 미치는 영향 또한 서울 강남지역이 부천 중동지역보다 거의 3배에 가깝게 나타나 이들 두 지역에서의 소음 1dB 증가가 주택가격에 미치는 영향은 별 차이가 없는 것으로 분석되었다. 즉, 서울 지역과 경기도 지역의 소음 1dB 증가가 주택가격에 미치는 영향은 평균 0.3%로 추정되었으며, 평형대별로는 규모가 큰 평수일수록 소음 1dB 증가가 주택가격에 미치는 영향이 높은 것으로 분석되었다.

<표 5-12> 소음 1데시벨(dB) 증가가 주택가격에 미치는 영향
(단위: 만 원, %)

함 수 / 평 형	서울 강남			부천 중동		
	주택가격	소음가격	비 중	주택가격	소음가격	비 중
대 형	33,857	207.0	0.6	17,520	73.0	0.4
중 형	29,215	95.0	0.3	10,026	29.0	0.3
소 형	22,429	44.0	0.2	5,784	19.0	0.3
평 균	28,500	85.0	0.3	11,110	33.0	0.3

제6장 결론 및 정책 건의

제1절 연구 요약

선진 외국과는 달리 우리나라의 경우 외부효과의 계측과 가치화에 대한 노력이 미미하여, 공학적뿐만 아니라 경제학적 입장에 입각하여 교통소음이라는 환경재에 대한 가치화를 대도시 도로주변 아파트가격과 실제 소음측정을 통해 본 연구에서 최초로 분석하였다. 따라서 본 연구의 목적은 자동차 소음이라는 환경재의 비시장적 가치를 시장가치로 환산하여 아파트가격에 내재된 소음가치를 특성가격기법과 회귀분석에 의해 추정하는 것이었다. 즉 소음수준에 따라서 아파트 매매가격에 영향을 미치는 정도가 다르므로 소음 차이로 인한 아파트 매매가격에 내재된 한계소음가격 도출이 가능하였다. 또한 소음수준에 따라 지역별, 평형별, 도로유형별로 아파트가격에 내재되어 있는 소음가격에 차이가 있는지도 검정하였다.

구체적으로는 지역별, 평형대별 한계소음가격을 도출함으로써 지역 간 한계소음과 소득대리변수로서의 지역 간 평형대별 교차비교로 소득수준에 따른 한계소음가격 차이를 비교·분석함으로써 궁극적으로는 소음 1dB의 증가(혹은 감소)가 주택가격에 미치는 영향의 정도를 도출하였다.

본 연구에서 도출된 결과는 다음과 같다.

서울 대도시권의 교통소음이 아파트가격에 내재된 가치를 추정하기 위한 방법으로 특성가격기법이 이용되었는데, 여기서 사용한 기법은 정확히 말하자면, 「준-특성가격기법」으로서, 이는 특성가격분석에 필요한 자료의 한계를 극복하면서 본 연구에서 추구하고자 하는 주택가격에 내재된 소음가치를 추정하는 데 현실적으로 가장 적합한 방법론 중의 하나라고 할 수 있다. 즉, 기존의 특성가격기법을 위해서는 주택가격을 포함한 주택특성변수, 주변특성변수, 사회·경제적 특성변수 등이 필요하나, 본 연구에서는 자료의 한계를 극복하기 위하여 소음변수를 제외한 다른 요인에 의한 주택가격 차이를 제거할 수 있는 표본을 선정하고, 선정된 표본 집단의 소음수준을 측정한 자료를 활용하여 소음에 의한 주택가격의 한계가치를 측정하였다.

왜냐하면 우리나라의 경우 특정 지역 내에 200-1,000가구가 동시에 건축된다. 따라서 특정 주택 단지 내에서는 주택특성변수를 내포한 기타 변수에 의한 가격 차이를 배제할 수 있기 때문이다. 그런 경우 특정 복합고층 주택에서 주택가격에 영향을 미치는 요인은 주택의 층수와 소음수준 등이라고 할 수 있다. 게다가 만약 동일 층수에서 주택가격이 비교된다면, 주택가격 차이에 영향을 미치는 가장 중요한 요인은 소음수준이라고 할 수 있다.

이러한 방법에 의해, 서울 대도시권을 대상으로 서로 다른 128개 표본 집단에서 표본당 도로인접 아파트와 비교동 아파트의 같은 층을 기준으로 두 개의 주택가격이 조사되어 총 256가구의 주택을 대상으로 하였다.

주택가격과는 별도로 실제 교통소음수준이 또한 측정되었다. 도로변에 인접한 주택과 도로에서 떨어진 주택 간의 소음수준의 차이는 약 4-5데시벨인 것으로 나타났다.

여러 가지 형태의 회귀모형을 이용하여 소음수준에 따른 주택가격 차이를 분석하였다. 선형, 준로그, 역준로그, 이중로그 회귀모형식이 추정되었으며, 각 모형의 적합성도 유효한 것으로 나타났다. 그중에서도 가장 적합성이 뛰어난 모형식은 이중로그 함수식이었다.

다음의 〈표 6-1〉에서 볼 수 있듯이, 한계소음가격은 지역과 주택의 평수에 따라 상당히 다른 것으로 분석되었다. 즉, 서울시 지역의 소음가격은 경기도 지역보다 높은 것으로 나타났다. 또한, 큰 평수의 주택이 적은 평수의 주택보다 소음가격이 높은 것으로 나타났다. 그 이유는 서울시 지역과 큰 평수에 거주하는 사람들의 소득수준이 경기도 지역이나 적은 평수에 거주하는 사람들의 소득수준보다 각각 높기 때문이며, 이는 고소득층이 갖는 교통소음가치가 저소득층의 교통소음가치보다 높다는 것을 말해 준다.

<표 6-1> 소음 1데시벨(dB) 증가가 주택가격에 미치는 영향 (단위: 만 원)

함 수 평 형	서울시			경기도		
	주택가격	소음가격	비 율(%)	주택가격	소음가격	비 율(%)
대　형	33,857	207.0	0.6	17,520	73.0	0.4
중　형	29,215	95.0	0.3	10,026	29.0	0.3
소　형	22,429	44.0	0.2	5,784	19.0	0.3
평　균	28,500	85.0	0.3	11,110	33.0	0.3

또한, 서울시와 경기도에 있어서 소음 1dB 증가가 주택가격에 미치는 영향 역시 비교될 수 있다. 〈표 6-1〉에서 볼 수 있듯이, 서울시 주택가격이 경기도 주택가격의 거의 3배나 되기 때문에 이들 두 지역에서의 소음 1dB 증가가 주택가격에 미치는 영향에는 별 차이가 없었다. 즉, 서울시와 경기도의 소음 1dB 증가가 주택가격에 미치는 영향은 평균 0.3%로 추정되었으며, 평형대별로는 규모가 큰 평수일수록 소음 1dB 증가가 주택가격에 미치는 영향은 높은 것으로 분석되었다.

제2절 정책건의

교통소음은 사람들이 일상생활에서 직면하게 되는 가장 심각한 문제 중의 하나이며, 따라서 교통시설 계획가뿐만 아니라 일반사람들도 교통소음의 중요성에 대해 충분히 잘 인식하고 있다.

몇몇 나라에서는 교통소음을 화폐가치로 측정함으로써 순 현재가치 혹은 비용-편익비율을 추정하는 데 반영하고 있다. 따라서 교통소음이 교통시설의 타당성분석을 평가하는 데 명백하게 고려되고 있다.

한편, 또 다른 나라에서는 교통소음을 화폐가치로 측정하지 않고 있다. 그러나 이 경우에도 교통소음이 미치는 영향을 반드시 측정함으로써 교통시설평가에 암묵적으로 반영되고 있다.

반면에, 우리나라에서는 대부분의 경우 교통시설평가에 있어서 교통소음의 효과는 반영되지 않았다. 왜냐하면 교통시설공급이 훨씬 중요하다고 인식하여 소음과 대기오염 같은 교통시설공급에 따른 악영향은 상대적으로 덜 중요하게 인식되었기 때문이다.

그러나 소득수준이 증가함에 따라서 사람들은 그들의 생활환경에 보다 중요성을 두기 시작하였다. 따라서 최근에는 우리나라에서도 교통시설평가에 교통소음과 대기오염의 효과를 반영하려는 시도가 일어나고 있다. 어떤 경우에는 소음과 대기오염 모두를 측정하고 있다. 반면에 우리나라에서 교통소음의 가치를 추정한 시도는 아직까지 없었다.

따라서 본 연구에서 도출된 교통소음의 가치는 교통시설의 타당성평가에 적용할 수 있으며, 향후 교통소음 피해비용과 방음벽 설치비용과의 관계를 분석해 보면 소음저감방안으로서의 방음벽 설치 여부에 대한 기준을 제시할 수 있어 방음벽 설치 여부를 둘러싼 민원들에 대한 해결의 실마리를 제공할 수도 있을 것이다.

또한, 추후에는 본 연구로 인해 기존의 항공기 소음, 철도(지하철 포함) 소음에 이어 자동차소음에 대한 소음피해비용을 화폐가치화 함으로써 수송수단별 투자계획수립에도 기여할 수 있을 것으로 기대된다.

제3절 연구의 한계

일반적으로 주택가격과 소음에 관한 많은 연구들이 가지고 있던 한계와 마찬가지로 본 연구에서도 자료취득에 있어서 어려움과 한계가 있었다. 보다 정확하고 포괄적인 분석을 위해서는 표본수가 충분하여야 함에도 불구하고 자료취득의 제약으로 인해 충분한 표본수를 확보하지 못했다. 이에 따라 본 연구에서 제시한 결과가 자칫 서울과 부천의 소음이 한계가격에 대한 특성을 과대평가 내지는 과소평가 할 수 있다.

특히 본 연구에서 제시한 최적함수형태인 이중로그 함수 역시 본 연구 사례지역의 데이터에 국한된 함수이지 또 다른 지역의 데이터로 분석하면 다른 함수형태가 최적으로 제시될 수도 있을 것이다.

또한 지역에 따른 비교를 통해 지역성이 소음에 대한 관계가 있는지도 파악하였으나 대상아파트 주민의 소득과 같은 사회경제적 자료의 불비로 인하여 소득이나 교육정도 또는 연령에 따라 소음에 대해 인식의 차이가 있는지에 대해서는 충분한 검토가 이루어지지 못했다.

조사대상 각 세대의 인구특성과 지역성에 대한 보다 의미 있는 자료를 확보한다면 소음가격이라는 구체적인 지불가격이 존재하기 때문에 기존 관련 연구에서 활용되었던 선호도 조사를 통한 방법보다 더 명확한 접근방법이 될 수 있을 것이다.

참고문헌

1. 동양문헌

- 김기천, 1997, 지하철의 소음과 건설비의 관계에 관한 연구, 서울대 박사논문.
- 이학우, 1992. 8, 부산시 고층집합주거단지의 주거편익도와 주택가격의 상관관계연구, 부산대, 석사학위논문.
- 장영재, 1993. 12, 주택의 묵시적 가격과 교육의 수요. 인제논집. 9(2): 573-584.
- 허세림, 1994, 헤도닉가격기법을 이용한 주택특성의 잠재가격측정, 주택연구, 2(2): 27-42.
- 정홍주, 1995. 8, 아파트가격결정모형에 관한 실증 연구; 서울 지역 한강변 아파트를 중심으로, 건국대, 석사학위논문.
- 이왕기, 1996, 아파트가격에 내재한 경관조망 가치의 측정 및 분석.
- 금기정, 山川仁, 신연식, 1992, 'SP data에 의한 지방도시의 교통수단 선택요인분석에 관한 연구', 대한교통학회지, 제10권 제3호, p.21-42 참조.
- 엄영숙, 1999. 8, 환경영향의 경제적 가치평가, 환경경제연구.
- 곽승준, 전영섭, 1995, 환경의 경제적 가치, 학현사.
- 김종석, 이성원, 1996, 교통환경론, 21세기 한국연구재단연구.
- Damodar N. Gujarati, 1993, 계량경제학 강의－이론과 응용, 형설출판사.
- 송문섭 외 7인, 1984, 현대통계학, 영지문화사.
- 김희광, 유지영, 1985, 환경영향평가의 실시수법, 신광출판사.
- 환경부, 1999. 11, 환경백서.
- 森川高行, 成石典明, Ben-Akiva, Moshe, 1992b, 'RP 데이터와 SP 데이타

• 를 동시에 이용한 비집계 행동모델의 추정법', 교통공학, 27. 3, pp.21-32.

• 淸水, 肥田野 등 2인, 1988, 자산가치분석에 의한 중고층주택의 주거환경 평가수법에 관한 연구, 도시계획학술연구논문집, 23, p.253-258.

• 森彬壽芳, 宮武信春, 吉田哲夫, 1980, 소음의 사회적 비용의 측정방법에 관한 연구, 토목학회논문집, 302, pp.113-123.

• 岩田, 殘田, 1985, 교통소음의 사회적 비용 계측 - 오사카국제공항을 사례로, 환경연구 55. p.124-132.

• 山崎, 1991, 자동차 소음에 의한 외부효과의 계측, 환경과학회지, 4, p.251-264.

• 矢澤·金本, 1992, 헤도닉어프로치에 있어서의 변수선택, 환경과학회지, 40(6), p.388-396.

• 肥田野·林山, 1996, 도시 내 교통이 갖는 소음 및 진동의 외부효과의 화폐계측, 환경과학회지, 9(3), p.401-409.

• 欠野, 1984, 나고야시역에 대한 주거의 환경소음폭로량에 관한 연구, 일본음향학회지, 40(6), pp.388-396.

• 林順郊, 欠野, 三品, 池谷, 1988, 주거환경소음과 주민의식, 소음제어, 12(6), pp.37-40.

• 內山久雄, 1983, 도로소음의 경제적 평가의 시산, 고속도로와 자동차, 26(12), 20-29.

2. 서양문헌

• Nelson, J. P. 1978, Economic Analysis of Transportation Noise Abatement, Ballinger Publishing Company, Cambridge, Mass.

• __________, 1982. 5, Highway Noise and Property Values: A Survey of Recent Evidence. Journal of Transportation Economics and Policy, pp.117-138.

• __________. 1987, Transportation Noise Reference Book. Butterworth & Co. Publishers, Ltd., Cambridge, England.

• Daniel Haling and Harry Cohen, 1991, Residential Noise Damage Costs Caused by Motor Vehicles, Transportation Research Record 1559, pp.84-93.

• Modra, J. D., and Bennett, D. W., 1985, Cost-benefit analysis of the application of traffic noise insulation measures to existing houses.: Forum Papers of 10 Australian Research Forum, vol.1, Melbourne, Australia. pp.63-86.

• Miller, P., and Moffet, J., 1993. 10, The Price of Mobility: Uncovering the Hidden Costs of Transportation(San Francisco, CA: National Resources Defense Council).

• Soguel, N, 1994, 'Measuring Benefits from Traffic Noise Reduction Using a Contingent Market', CSERGE WP GEC94-03, University College London and University of East Anglia.

• James J. A Murphy, 1998, Review of Literature on the Social Cost of Motor Vehicle Use in the United State, Journal of Transportation Statics.

• David M. Levinson et al, 1998, The social costs of intercity transportation, Transport Review vol.18, No.3, p.215-240.

• Rosa Marina Gonzales, 1998, The Value of time: Theoretical review, Transport Review, vol.17, No.3, p.245-266.

• Mark Wardman, The Value of Travel time, Journal of Transport Economics and Policy, vol.32.

• Gregory C. Chow, 1960, "Tests of Equality Between Sets of Coefficients in Two Linear Regressions," Econometrica, vol.28, no.3.

• Rosen, S., 1974, Hedonic prices and implicit market, Journal of Political Economics, Vol.82, pp.34-55.

140

- Dickie, M. and Gerking, S., 1991, "Willingness to pay for ozone control: inferences from the demand for medical care", Journal of Environmental Economics and Management, vol.21, 1-16.
- Willig, R. D., 1976, "Consumer Surplus without Apology", American Economic Review, Vol.66, pp.586-597.
- Hauseman, J. A, 1981, "Exact Consumer' Surplus and Dead-weight Loss", American Economic Review, Vol.71, pp.662-676.
- Lane, L., E. Seskin, 1977, Air Pollution and Human Health, Johns Hopkins University Press, Baltimore.
- Lipfert, F. W. 1984, "Air Pollution and Mortality: Specification Searches Using SMSA-Based Data", Journal of Environmental Economics and Management Vol.11, pp.208-243.
- Cesario, F. J. 1976, "Value of Time in Recreation Benefit Studies," Land Economics, Vol.52, pp.32-41.
- Freeman Ⅲ, A. Myrick, 1979, "Hedonic Prices, Property Values and Measuring Environmental Benefits: A Survey of the Issues," Scandinavian Journal of Economics, Vol.81, pp.154-173.
- __________________________________, 1981, The Benefit of Environmental Improvement: Theory and Practice, Johns Hopkins University Press, Baltimore.
- K. Button, 1982, Transportation Economics, Edward Elgar.
- Martin Whol et al., 1984, Transportation Investment and Pricing Principle, Willey Interscience.
- Georce G. Judge, R. Carter Hill, 1981, Introduction to The Theory And Practice of Econometrics, 2nd Edition.
- Starkie, D. N. M. and Johnson, D. M., 1975, The Economic Value of Peace and Quite, London: Saxon House.
- Robert Tinch, 1995. 4, The Valuation of Environmental Externalities,

U.K DOT.

• David W. Pearce, 1978, Environmental economics, Longman Inc., New York.

• David W. Pearce; R. Kerry Turner, 1990, Economics of natural resources and the environment, 378p.

• Anil Markandya; David W. Pearce, 1989, Blueprint for a green economy, pp.192.

• OECD, 1988, Transport and Environment.

• Apogee Research, Inc. 1994, The Cost of Transportation Final Report. Conservation Law Foundation, Bethesda, Md.

• Brinkly, C. S. and W. M. Hanemann, 1978, "The Recreation Benefits of Water Quality Improvement: Analysis of Day Trips in an Urban Setting." US Environmental Protection Agency, Washington, D.C.

• Clawson and Knetch, 1966, "Economics of Outdoor Recreation", Reprint No.10, Resources for the Future Inc., Washington, D.C.

· 저자 ·

임영태
(林映兑)

· 약 력 ·

부산대학교 상과대학 경제학과 졸업
서울대학교 환경대학원 도시계획학 석사
서울시립대학교 일반대학원 도시공학 박사

국토연구원 SOC · 건설경제연구실 책임연구원
서경대학교 도시공학과 겸임교수 역임
대한교통학회 편집위원, 한국교통정책 · 경제학회 이사
서울시립대, 서울시 공무원교육원 시간강사 역임

· 주요논저 ·

「총통행비용을 최소화시키는 유료도로의 통행료결정에 관한 연구」
「대도시 도로주변 아파트가격에 내재된 자동차 소음가치 추정에
　관한 연구」
「연계성을 고려한 수송물류결절점 평가기법 연구」
「도로와 환경영향 연구」
「A Conceptual plan of mass transit systems at the administration
　city in korea」
외 다수

도로교통소음의 경제적 가치추정

· 초판 인쇄	2006년 5월 30일
· 초판 발행	2006년 5월 30일
· 지 은 이	임영태
· 펴 낸 이	채종준
· 펴 낸 곳	한국학술정보㈜
	경기도 파주시 교하읍 문발리 526-2
	파주출판문화정보산업단지
	전화　031) 908-3181(대표) · 팩스　031) 908-3189
	홈페이지　http://www.kstudy.com
	e-mail(e-Book사업부)　ebook@kstudy.com
· 등　　록	제일산-115호(2000. 6. 19)
· 가　　격	9,000원

ISBN　89-534-5064-0 93530 (Paper Book)
　　　　89-534-5065-9 98530 (e-Book)